艺术设计（MFA）实践丛书

丛书主编：吕　钊　田宝华

计算机
辅助图形设计

Photoshop
实例制作

张敏言　张小平　编著

中国纺织出版社有限公司

内 容 提 要

在多媒体网络时代，计算机辅助图形图像处理技术以其强大的功能优势在现代社会中得到广泛应用。Adobe Photoshop是由 Adobe Systems 开发和发行的图像处理软件，是一款操作实践性较强的编修与绘图工具。

本书简要介绍了计算机辅助图形设计的基本知识和 Photoshop 处理技术，对 Photoshop 工具箱、图像菜单操作、搜集图像素材、套索工具、曲线调整、线性减淡等运用技巧进行讲解，并结合实际案例进行效果展示，更好地体现出 Photoshop 在计算机辅助图形设计中的应用成效。

计算机辅助图形实例制作，主要是培养学生或在职工作人员的图片处理技术，使其能够运用所学知识解决实际问题并提高自身的思维能力和创新能力。

图书在版编目（CIP）数据

计算机辅助图形设计：Photoshop 实例制作 / 张敏言，张小平编著 . -- 北京：中国纺织出版社有限公司，2022.1
（艺术设计（MFA）实践丛书 / 吕钊，田宝华主编）
ISBN 978-7-5180-8881-2

Ⅰ. ①计… Ⅱ. ①张… ②张… Ⅲ. ①图像处理软件
Ⅳ . ① TP391.413

中国版本图书馆 CIP 数据核字（2021）第 187019 号

责任编辑：华长印　　责任校对：楼旭红　　责任印制：王艳丽

中国纺织出版社有限公司出版发行
地址：北京市朝阳区百子湾东里 A407 号楼　邮政编码：100124
销售电话：010—67004422　传真：010—87155801
http://www.c-textilep.com
中国纺织出版社天猫旗舰店
官方微博 http://weibo.com/2119887771
北京华联印刷有限公司印刷　各地新华书店经销
2022 年 1 月第 1 版第 1 次印刷
开本：710×1000　1/16　印张：9.5
字数：102 千字　定价：98.00 元

前　言

　　在创意产业快速发展的今天，掌握软件应用技能、平面设计应用技能和提高艺术设计修养是对每一个设计工作者的基本要求。作为一名设计师，想要在竞争激烈、日新月异的设计行业里脱颖而出，知识面和与众不同的创意将越来越重要。

　　本书通过对 Photoshop 基础知识的介绍、操作流程的学习以及实例制作，阐明了 Photoshop 在现代设计中的重要性。在本书的编写中力求艺术性、理论性、前瞻性、知识性和实用性，让读者不仅能在阅读中掌握 Photoshop 的使用技能，同时还能充分领略到广阔的平面设计创意空间所带来的精神上的愉悦。

　　设计需要大量的、高质量的充满创造热情的人才，因此期望本书能够为工业设计者以及广大设计爱好者在图像处理技能方面提供帮助。

　　本书由于时间仓促和编著者水平有限，错漏之处在所难免，敬请广大读者批评指正。

编著者

2021 年 8 月 30 日

目　录

第一章

计算机辅助图形
设计的基本知识

计算机图形学与图像处理

计算机图形学自1963年提出相关理论，至今发展已有50多年的历史，其基本含义是使用计算机通过算法和程序在显示设备上构造出图形。图形可以是对现实世界已经存在物体的描绘，也可以是对某种想象或虚构对象的描绘。计算机图形学的研究对象是一种利用数学方法表示的称为矢量图的文件。

图像处理是指对景物或图像的分析技术，其研究的是计算机图形学的逆过程，包括图像增强、模式识别、景物分析、计算机视觉等，并研究如何从图像中提取二维或三维物体的模型。

计算机图形学与图像处理都是利用计算机来处理图形与图像，但是一直属于两个不同的技术领域。不过，由于计算机技术、多媒体技术、计算机造型与动画技术、三维空间数据场可视化技术及纹理映射技术等的迅速发展，两者之间的结合日益密切并互相渗透。

第二节

计算机图形学的发展与应用

一、计算机图形学的发展

计算机图形学是随着计算机科学技术而产生和发展起来的，它是计算机科学技术与雷达、电视及图像处理技术综合发展的产物。从20世纪50年代发展至今，计算机图形技术已在辅助设计、绘图、科学计算可视化、动画及广告等领域获得了广泛的应用。

随着计算机技术的不断发展，微型计算机的性能迅速提高，计算机处理器从286到现在的Pentium，中央处理器（CPU）的主频从8MHz提高到1GHz以上，内存容量也从几百个字节提高到512MB以上，而硬盘的容量更是从几兆字节提高到几百G字节以上。显示器的刷新速度与分辨率也得到显著提高。由于微型计算机的性能价格比的极大提高，目前已被广泛用于计算机图形技术的各个应用领域。

二、计算机图形学的应用

计算机图形系统在硬件与软件性能上的不断提高，使得计算机图形生成技术应用的领域日益广泛，主要表现在以下几个方面。

1.计算机辅助设计与制造（CAD/CAM）

计算机图形学常用于土木建筑工程、机械结构与产品设计等领域，包括建筑结构与外观设计。如飞机、汽车与船舶等的结构与外形设计，城市规划与工厂布局以及电子线路等的设计。

2.科学技术与事务管理中的交互式绘图

可以用于绘制数学、物理中各种二维或三维图表等，以简明、形象的方式表现数据的变化。如统计直方图、工程进度图、经济发展趋势图等。

3.科学计算的可视化

科学计算的可视化是将科学计算的数据流通过构造几何图形或用形体绘制技术在屏幕上显示出来，即产生特定的二维图像。如可以用于有限元分析的后期处理、分子模型构造、地震数据处理及大气科学等领域。

4.过程控制与系统环境模拟

可以将具有图形显示与操纵功能的计算机系统与其他设备连接成一个系统，通过计算机图形显示设备来显示系统各个部分的状态，并以此达到对整个系统的了解与控制，如电网控制、化工生产及飞行控制等。也可以用于对系统环境状态进行计算机模拟，如大气环境模拟或生态环境模拟等。

5.工业模拟

利用计算机图形系统对各种结构的运动状态、工业加工系统或产品设计性能等进行模拟，如对工业加工系统运行状态模拟、设计产品性能模拟测试等。

6.电子出版系统与办公自动化

随着微型计算机系统及桌面印刷设备的发展，计算机图形学和人机交互技术在办公自动化及电子出版系统中的应用也日益广泛。电子排版制版系统已经被广泛采用，这使得出版印刷变得简单快捷，而办公自动化使人们的工作更为轻松、高效。

7.计算机动画与广告设计

计算机图形学在动画与广告设计方面的应用，使设计与制作的效率得到极大的提高，并且可以快速地设计制作出大量精美的作品，如可以制作出具有丰富想象与视觉效果的电视、电影作品。

8.计算机艺术设计

计算机图形学与人工智能技术及艺术观念的结合，可以构造出丰富多彩的艺术作品。特别是在工艺美术与应用美术设计等方面，计算机图形学具有广泛的应用基础与前景。如利用计算机图形设计系统可以构造出人们难以想象的图形结构与图像效果。

9.勘探及测量数据的图形显示

计算机图形学已经广泛地用于绘制地理、地质及其他自然现象的高精度勘探及测量图形，如绘制地理图、地质图、矿藏分布图等。

10.计算机辅助教学

计算机图形学已经被广泛地应用于计算机辅助教学系统过程中，如计算机交互式图形教学系统、计算机教学测试系统等已经获得广泛的应用。

图形与图像

一、图形与图像的概念

从广义上说，凡是我们眼中所见的一切景物，无论是照片、艺术品、工程图，还是用数学方法描述的形状，都可称为图形。在计算机中，表示一个图形的方法通常是用参数法（用计算机中所记录图形的形状和属性的参数表示图形）表示和点阵法（用具有灰度或色彩的点阵表示图形）。

1.参数图形

用参数描述的图形叫参数图形，简称"图形"，习惯上把图形叫作矢量图形。图形由数学方式的描述和路径组成，因此，可以很方便地放大、缩小、旋转、变形或重新填充对象而不降低图形质量。如把一段光滑曲线放大到很大倍数时，所显示的或打印的曲线仍然光滑，无"锯齿"现象。

矢量图形所占的存储空间一般都很小，并且编辑处理的方法也比较简单，对矢量图形的处理主要根据图形的几何特征等进行。如移动或旋转图形，可以通过几何变换改变其在所处坐标系中的坐标值来完成。

矢量图形与分辨率无关，输出时与实际显示的分辨率无关，只决定于打印机的最高分辨率，因而图形质量较好。不过，矢量式输出设备较少，通常需要将矢量图转换成点阵图表示，以便在常见的光栅图形显示器或各种打印机上输出。矢量图形无法用扫描或从 Photo CD 中获得，它们依靠图形设计的软件生成。

2.像素图形

用点阵法描述的图形叫像素图形，简称"图像"，习惯上把图像叫作光栅图形。图像并不是由纯粹的数字公式来创建和存储的，使用者在决定创建这种类型的图形时就必须指定分辨率和图像尺寸。图像实质上是由一些网格点——许多微小的黑白或彩色块或位组成的马赛克。这些小块称为像素或图像元素。一幅图像的像素点的多少（即分辨率）决定了它的质量，像素较少的图像，放大后会变得模糊不清。

由于图像是基于像素方法显示的，因此有如下特点：

资源丰富：从根本上来讲数码设备（包括数码相机、数码摄像机等）输出的都是图像，基于图形软件经过渲染处理后得到的也是图像。

便于使用：图像可以直接打印、录制，也可以直接使用数码设备观看，而图形必须经过转换之后才能在除计算机以外的设备上观看。

占用的存储空间大：由于按图像方式存储需要记录每个像素的信息，因此需要的存储空间较大。

对缩放等几何处理比较敏感：对图像进行较大比例的缩放时会严重影响图像的质量。

二、像素与分辨率

所有图像的共同点是它们都由"像素"组成，像素是一种度量单位，主要是用来指计算机图像的量。一个像素是显示器上显示的光点的单位，像素可以用或多或少的"位"（bit）来记录，而"位"是计算机信息中最基本的单位。例如：描述含有256个灰度或彩色的图像，需8位／像素，而相片级质量的全色图像需24位／

像素，可以描述1670万种颜色。

分辨率一般是用来衡量图像的精度的，指单位面积内像素点的数量。分辨率常以dpi（dot per inch，即每英寸的像素总数）为单位进行标注，每英寸像素数是分辨率的度量单位，同时也是在一幅图像上工作的度量单位。

分辨率越高，图像越清晰，质量越好，图像文件也越大；相反，分辨率低的图像，意味着图像精度低，计算机的运算时间也就缩短了。

图像分辨率指的是图像存储的信息量，通常用每英寸的像素数ppi（pixels per inch）来度量。分辨率是与图像的尺寸大小成正比的。图像尺寸越大，要求像素点越多。而同样的尺寸大小，减小了像素点（即降低分辨率），图像就会变得模糊不清。强制提高分辨率，尽管增加了像素点，但图像的质量并没有得到改善，好比将原图像的像素点放大一样。因此，在作图时，首先就应设置好图片的尺寸和分辨率，以保证最终效果。

图像分辨率的设置要因需求而定，在尺寸不变的情况下，如果是用于网页的图片，则无须过高，因为显示器的分辨率只有72dpi（这个参数与硬件有关），过高的分辨率意义不大；如果仅用于打印输出，那么200dpi分辨率就够了；如果用于印刷，则要300dpi以上。总之，要根据实际需求确定分辨率大小，目的只有一个——保证图像清晰、真实。

三、图形与图像的关系

尽管图形与图像有很大区别，但是它们之间也有密切的关系。

1. 图形经过一定处理很容易转换成图像

几乎所有图形处理软件都有渲染功能，该功能的主要作用就是将基于矢量的图形转换成基于像素的图像，供打印、录制或者图像处理使用。

2. 图像转换成图形是研究热点，但是难度较大

在很多情况下，也需要将图像转换成图形。例如，扫描的工程图纸是图像，但有时为了修改编辑，需要将它们重新转换成AutoCAD能够识别的图形。现在这些研究工作有了很大进展，但是还没有特别成熟的产品。

3. 图形与图像的界限越来越模糊

早期的图形与图像处理软件界限非常清楚，但是现在界限越来越模糊。图形处理软件中大都包含一定的图像处理功能，而图像处理软件也包含一定的图形处理功能。

第四节

常用图形与图像文件格式

计算机使用中的术语非常繁多。对于初次接触计算机的人来说，有的术语容易理解，有的术语要经过反复操作后才会对它产生认识。下面对有关计算机辅助图形设计方面常用的一个术语——文件格式进行简述。

多媒体计算机通过彩色扫描仪能把各种印刷图像及彩色照片数字化后送到计算机存储器中；通过视频信号数字化器能把摄像机、录像机、激光视盘等彩色全电视信号数字化并存储到计算机存储器中；还有计算机本身可以通过计算机图形学的方法编程，生成二维、三维彩色几何图形及三维动画，存储在计算机存储器中。采用上述三种形式形成的数字化图形、图像及视频信息，都以文件的形式存储到计算机存储器中。

任何在计算机中生成的文件，都有一个文件名和一个扩展名，如 JEEP·JPG，其中 JEEP 是文件名，一般由设计者给它命名，JPG 是扩展名，代表其文件属性，由计算机生成，它代表该文件是一个图像格式的文件。这种由应用软件生成对数据文件的属性的描述方式就是文件格式。

文件格式的生成由应用软件和操作平台决定。应用软件能读取它自身生成和兼容的文件格式。文件格式之间有的可以通过应用软件来互相转换。

此外，还有一些压缩工具软件生成的文件格式。如 winzip 工具生成的 ZIP 格式，ARJ 工具生成的 ARJ 格式等。一些文字处理软件生成的格式，如 word 文档格式 DOC，纯文档格式 TXT 等，也是常用的。

文件格式也称文件的类型，一般每个软件都有一个它自身专用的格式，如 PSD 为 Photoshop 的格式，MAX 为 3DSMAX 的格式，CDR 为 Coreldraw 的格式等。

在文件格式转换中，常使用 Import、Export 等命令来实现。在文件格式的转化中，一般是矢量图形的文件转换为矢量图形文件格式（如 MAX 格式转化为 DXF 或 3DS 格式）。图像格式转图像格式（如 TIF 格式转化为 JPG 格式）。图形与图像格式之间的转化就有许多局限性。一般图形格式有的可转化为图像格式，而图像格式则很难转化为图形格式，即使能实现转化，其图像的特性也仍未改变。如 JPG 文件可方便地通过 Import 导入 Coreldraw 文件中，但导入的内容仍是图像，不能进行矢量化编辑。但也有像 AI、EPS 等格式，既能在图形软件中使用，也能在图像软件中使用。但文件格式的转化，由于其属性的不同，有时会产生错误，或产生变形，或丢失一些信息，这往往是软件自身的一些缺陷造成的。

计算机辅助图形设计的常用文件格式有以下几种。

1.图形文件格式

dwg：AutoCADdrawing格式。

dxf：AutoCAD格式，是大部分图形软件能接受的常用格式。

CDR：Coreldraw格式。

MAX：3DSMAX格式。

3DS：3Dstudio mesh格式。

AI：Adobe Illustrator格式，是大部分图形软件都能接受的通用格式。

EPS：EPS文件最常用于存储矢量图形，也可用来存储位图图像，是用于图形交换的最常用的格式。EPS文件可以处理非常复杂的图形细节，并且可以与许多桌面排版及矢量编辑软件相结合，其缺点是它只能使用与页面描述语言（postsript）兼容的打印机。

SHP：3Dstudio shape格式。

3DM：Rhino 3D models格式。

IGES：三维建模软件较为通用的格式。

2.图像文件格式

图像文件格式分为两类：一类是静态图像文件格式，如TIFF、PSD、JPEG、BMP、GIF等；另一类是动态视频图像文件格式，如MPG、AVI等。这里我们主要讨论静态图像文件格式。

TIF：即TIFF格式（标签图像文件格式），是常用的扫描图和点阵图像的标准格式，由Alaus和Microsoft公司研制开发。当TIFF文件直接加载到photoshop，并在photoshop中保存TIFF文件时，可在出现的对话框中选择一个复选框激活LZW Compression，LZW是一种"无损"的压缩格式。这是TIFF格式下的输出文件的一个非常有价值的特性。

PSD：PSD是photoshop的缺省文件格式，它支持从线图到CMYK所有的图像类型，唯一的问题在于很少有其他的图形程序能够读入这种特有的格式。在还没有决定图像最终格式的情况下，才用PSD格式存储图像，这样在图像中留下用户定义的Alha通道，或者留下以后工作需要编辑的未合并的图层。

JPEG：是可调整压缩比例的图像压缩格式。压缩可分为有损压缩和无损压缩两类。无损压缩类型在压缩与解压过程中，都能保留所有的原始数据。因此，它被推荐用来保存文本和数值数据，如RLE、LZW和CCITT均为无损压缩技术。有损压缩的压缩程度比无损压缩大得多，在磁盘空间有限时，这也许是一个好方法。JPEG是一种有损压缩技术，虽然在压缩过程中会丢失颜色及灰阶连续色调图像中的数据，但一般来说不会影响图像质量。网页中的图片一般都采用此格式。

BMP：BMP是一种与设备无关的图像文件格式，它是Windows软件推荐使用的一种格式。BMP文件扩展名表示有Microsoft技术用在图像创建中，是Windows、WindowsNT或OS/2的点阵图形格式，支持24位真彩色显示和无损失压缩，能在Windows环境下运行的图像处理软件都支持这种格式。

GIF：位图格式，是由Compu-Serve公司在1987年6月为了制定彩色图像传输协议而开发的一种公用的图像文件标准，采用LZW压缩编码。用于大多数个人计算机和许多UNIX2工作站，许多应用程序可从GIF转换而得或转换成GIF。GIF文件比较小，同时支持线图、灰度和索引图像。

TGA：Targa图像文件格式是Truevision公司开发，是3DMAX的贴图常用的格式。

PCD：柯达公司制定的图像格式。

PNG：Portable网络图像格式。

PICT和PICT2：PICT文件格式在Macintosh计算机上是最基本和最常用的文件格式。PICT是Apple发展出来存储位图、矢量图以及两者共存的文件格式。PICT2是PICT格式的扩展。它可以记录8bit和24bitGRB彩色图像，分辨率则由生成该文件的应用软件在输出时确定。

图像的层次

计算机设计在某种意义上就是利用各种技术与方法，将不同的、经过适当处理的素材进行有效的安排与组合，以获得期望的设计效果。在计算机设计系统中，为更便捷、有效地处理图像素材，通常将他们置于不同的层中，而图像可以看作是由若干层图像叠加而成的。利用图像处理软件，对每层图像均可做单独处理，而不影响其他图像的内容。

在Photoshop软件中，为图层（Layer）图像处理与组合提供了便利的条件。可以将图层看作是一个独立的图像，对各个图层可以分别进行操作处理，而一幅图像可以由若干图层组成。对层的处理方法类似于在制作动画过程中对名片所用到的处理方法。一幅图像的内容可分别划在若干层子图上，每层子图成为一个图层，其上画出图像的一部分，每层子图的透明度可根据需要调整，将各子图按一定次序进行叠加就可以得到综合图像。图层可以建立、增加与删除，并且可以设置每层图像的透明度值以及重新排列叠加顺序等。显然，这种处理方式可提高图像编辑处理的效率与质量。

一般在新建一个图像文件时，系统将自动为其建立一个背景层，该图层相当于一块画布，可以在上面作贴图绘画及各种图像处理工作。若一个图像有多个图层，则每个图层均具有相同的像素、通道数及格式。

简单而形象地说，图层就好像是覆盖在背景图像上的透明膜，在这个透明膜上我们可以创建图像或用各种画笔工具作画，没有图像和图案的地方是透明的，透过这些透明的地方，可以看到下面图层上和背景层上的图像，当我们浏览一幅含有多个图层的图像时，就像是观看一幅由数个画面有各种图案叠在一起的图像一样。Photoshop允许创建多个图层，可以对每个图层进行独立的操作。当我们对某一图层上的图像进行编辑和修改时，就像在这个透明膜上编辑修改图像一样，丝毫不会影响到其他图层的图像，这对编辑图像非常方便，所以图层功能是Photoshop中使用较多的一种功能。

第六节

色彩模式

简单地说，色彩是由光波刺激人的视网膜后产生的现象，所以，色是光产生的，从绘画角度看，物体的颜色是物体吸收了部分光波，同时把不能吸收的光波反射出来，被反射出来的光波组成的可见光就是该物体的颜色。色彩是光的混合，去除混合部分，就有了绘画中的三原色（红、黄、蓝）之说。

从光学研究的角度看，托马斯·杨的三色学说确定了基本色是红、绿、蓝三种，也就是三原色。它认为黄色是红与绿混合作用的感觉，并通过混合光证实了这一理论。今天的显示器、彩电等产品也正是基于三原色混色光理论而产生的。

由于上述理论，在印刷行业中，就形成了通过红、黄、蓝、黑四色的混色来表现物体颜色的模式，即CMYK模式；而显示器等则采用了红、绿、蓝三色光混合来显示物体颜色的模式，即RGB模式。这种定义颜色的方式就叫色彩模式。

一、图像色彩模式

因为有了色彩模式上的差别，在计算机辅助图形设计中，屏幕所显示的颜色往往很难与最终输出的色彩结果保持一致，为了使设计师在计算机中设计的色彩与输出的色彩结果保持一致，即"所见即所得"，必须进行计算机系统内部的RGB与CMYK模式的调整和转换。图像处理软件为我们提供了多种标准色彩模式，其中主要的及常用的有RGB模式、CMYK模式以及Lab模式，另外，还有几个次要的模式如HSB模式、灰度模式、位图模式、索引色以及双色调模式等。每一种模式都有自己的优缺点，都有自己的适用范围，并且各个模式之间都有可能进行转换。

1.RGB模式

RGB模式是由光（红、绿、蓝三色光）来合成各种颜色的一种色彩模式，它是加色混合，三原色光混合是白色。光谱中的所有颜色都是由这三种波长以不同强度组合构成的。彩电、显示器等都是以三枪投射的方式使屏幕产生RGB的光线来合成各种颜色。

在Photoshop的RGB模式中，图像中的每一像素的颜色由R、G、B三种颜色分量混合而成，如果规定每一种颜色分别用一个字节（8位）表示其强度变化，这样R、G、B三色各自拥有256级（$2^8=256$）不同强度的变化，这样的规定使每一像素表现颜色的能力达到24位（8×3），所以8位的RGB模式图像一共可表现出多达1670余万种的不同颜色。

由于显示器是采用RGB模式的设备，所以在计算机启动Photoshop时，系统将RGB模式设为默认颜色模式，以便在显示器屏幕上观看和编辑图像。当以非RGB模式编辑图像时，系统会暂时将其转为RGB模式在显示器上以供观看，当编辑完后，再转回设定的颜色模式。

2.CMYK模式

CMYK模式是专用于印刷和打印的基本颜色模式，由四色（红、黄、蓝、黑）混合而构成各种颜色的模式。它与RGB模式相反，是一种减色混合。三原色（红、黄、蓝）混合呈黑色，通过减少三原色产生其他颜色，但在实际中，受油墨纯度等因素的影响，很难得到纯正的黑色，所以又引入了黑色油墨。用K表示。

CMYK模式是最佳的打印模式，但在编辑图像时最好不用此模式。由于显示器是RGB模式，系统在编辑图像的过程中会在两个模式之间来回转换而损失色彩，另一个原因是在RGB模式下，Photoshop只需处理三个颜色通道，而在CMYK模式下，系统需同时处理四个颜色通道，这就加大了系统的工作量和计算机的工作时间。所以建议当编辑的图像用于印刷或打印时，最好还是先用RGB模式编辑图像，待完成后再一次性转为CMYK模式，再加以必要的校色、锐化和修饰处理后供印刷或打印使用。

3.Lab模式

Lab模式是Photoshop内置的一种标准颜色模式，以一个亮度值L和两个颜色分量a和b来表现颜色，a分量的颜色为从绿色到红色的成分，b分量的颜色为从蓝色到黄色的成分。

Lab模式的特点是它不依赖于光线和颜料，在理论上包括了所有人眼能够看见的颜色。Lab模式具有广阔的颜色范围，可以保证在转化为CMYK模式时色彩没有丢失或被替代，所以Photoshop在将RGB模式转为CMYK模式时，会先将RGB模式转为Lab模式，然后再转为CMYK模式。

4.HSB模式

HSB模式是通过调整色彩的H（色相）、S（纯度）和B（明度）的百分比数值来创建颜色的一种模式，这种模式是针对设计中对颜色调整的直观性而设计的。前两种模式虽然能准确地描述色彩，但对色彩感觉的调整不方便，如对纯度的调节，CMYK就不易表示，而用HSB颜色模式，只需在对话框中调整S的百分比，就能方便地达到目的。

5.GrayScale灰度模式

GrayScale灰度模式指黑色与白色之间的灰度范围。在一般设计软件中，将纯黑到纯白分为256种不同的灰度。256种色调的灰度层次可将一幅黑白照片表现得十分理想。

灰度模式是只有灰度而没有颜色的模式，所以当将一幅彩色图像转换成灰度图像时，Photoshop将扔掉图像中所有的颜色信息，而只保留其中的亮度信息以转换为灰度级。

以上五种色彩模式在计算机系统内都能通过应用软件实现相互间的转化。一般都是将RGB模式转为CMYK模式，但转化后的结果会有很大的差异。所以永远都不可能在屏幕上真正看到一幅CMYK彩色图像，看到的只是CMYK值向RGB的一个转换。

工业设计师在产品设计过程中进行颜色调配时，使用最多的是HSB模式。当需要输出色彩时就转换为CMYK模式，因为只有CMYK才符合生产工艺的要求。

二、图形显示模式

在设计绘图过程中，有时我们需要看到图形的真实彩色效果，有时为了编辑图形，需要看到它的结构线，要将图形转换成线框显示效果。一般的图形设计软件都提供了多种显示模式的选择。如Coreldraw就有线框显示、草图显示、正常显示、增强显示模式等。其中增强显示模式显示的图形质量最高，但显示速度较慢。在3DSMAX中，图形的显示方式有光滑明亮显示（Smooth+Hightlights）、线框显示（Wireframe）及其他特殊方式显示等。同样，光滑明亮的显示速度较慢，会降低工作效率。Rhino的显示模式除线框模式和面的模式外，还有一种立体明暗与线框共存（Shaded）的显示方式，它将线框与面的立体显示合二为一，既能看到立体空间效果，又有线框的线条存在。

计算机的显示质量和效率，往往与显示卡的质量有关。硬件显示模式的另一层含义是指显示器的色彩模式选择。显示的色彩模式有256色、增强16位、增强24位、真彩32位等模式。真彩模式能完美地显示色彩的层次变化。作为设计用，一般都应选用真彩模式。

第七节

缺省设置和尺寸单位

缺省设置也叫默认值，是指软件设计者针对该功能的一般使用特性或安全需要，给该功能设定了一个数值。这个值往往反映了该功能最常用的，最合理的使用特性，这种设置叫缺省设置，这个数值就是缺省或默认值。它表现在尺寸单位、色彩模式、显示模式及一些软件硬件操作方式等方面上。例如，3DSMAX将Undo的次数缺省设置为20步，我们可根据自己的操作习惯修改它的次数。

设计离不开尺寸，任何物体的大小都要通过尺寸来描述。尺寸大小需要单位来定义。在参数化实体建模中，尺寸的地位更为重要。在所有的设计软件中都有绘图尺寸单位设定，一般系统缺省的单位是英制，这对以公制为单位的设计者很不方便。因此在设计工作开始前，首先要设定绘图的尺寸单位。

在计算机绘图中，尺寸单位与真实的图形大小是对应的，设计图纸输出后得到的尺寸是真实尺寸，工业设计师对单位的选择一般采用公制的毫米为单位，这样符合国家制图标准，在精度选择上，一般达到小数点后两位，这已足够精确。

以上主要讲述了一些与设计有关的常用术语和概念，对于从事产品设计的人来说，仅了解这点知识还远远不够，大部分的概念需要我们在具体的软件学习中全面了解。

第八节

常用设计软件特点介绍

1.AutoCAD

AutoCAD是我们最为熟悉，用途最为广泛的软件，是Autodesk公司推出的工程设计绘图软件。国内的许多机械设计、建筑设计的中文版专业软件的内核都是AutoCAD，它最大的优势是绘制工程图。其专业性强，绘制精度高，几乎满足机械图中的所有要求。此外，其三维建模功能极强，除了双曲面难做外，建任何形体都很方便。因此，其建模功能是最常用的。AutoCAD的文件格式除本身的DWG外，DXF几乎是所有软件都能接受的通用格式。

2.Photoshop

Photoshop是Adobe系统公司开发的图像处理的顶级软件，被称为数字世界的"摄影师""图像修描师""图形艺术家"。设计师使用Photoshop给图像润色，使图像增添魅力，并达到广告、平面、效果图设计的设计要求。

Photoshop的主要作用是将产品中的文字、色彩标牌等装饰物进行贴图，并且可以分不同的层比较方案，最后制作成效果图的形式输出。

3.Coreldraw

Coreldraw是由加拿大的Corel公司推出的一个平面设计软件，具有AutoCAD的大部分平面制图功能，而且比AutoCAD更加直观。很多设计师在画工程制图时，就直接用Coreldraw完成。Coreldraw的接口做得非常好，几乎能接受所有图形软件的格式。Coreldraw在文字、排版上也有相当的优势，在产品设计中，通常用它来画三视图、调色，也用它来推敲产品内部的布局。

4.3DSMAX

3DSMAX是Autodesk公司在3D.Studio基础上推出的一个功能更强大的软件。它在保持前身3D.Studio4.0原有功能的基础上，又增加了调整器、轨迹窗、网络支持、声音等许多功能，并把原来的几个模块有机地融合在一起。

该软件包括：二维造型、三维造型、材质与贴图、动画制作等主要部分。该软件以动画而成名，但我们对它的使用恰恰不是动画功能，而是取其三维立体建模、场景灯光、材质编辑和渲染功能，因此，在建模上已慢慢取代了AutoCAD而被广泛使用。

5.Rhinoceros（Rhino）

Rhino是一个以Nurbs为主要架构的3D模型设计软件，在曲面造型特别是自由双曲面造型上有非常强大的功能，几乎能做出我们在产品中所能碰到的任何曲面。"倒角"这一许多3D软件难以解决的问题，Rhino能轻松完成。

无论是制作心脏瓣膜、船壳、老鼠甚至怪兽，Rhino都能提供一个非常容易操作，快速且精确的环境，使用它可以享用到只有在高级工作站才能拥有的模型制作与算图功能。Rhino生成的模型可方便地导入3DSMAX、AutoCAD等常用软件中，但其灯光、渲染方面的功能远不及3DSMAX。

6.Maya

Maya是人型的高级三维动画软件，在影视动画方面运用更专业。Maya参数化建模也做得较好，对倒角等造型特性都能进行参数修改。其材质、灯光效果也同样出色，是产品设计建模、渲染的常用软件，只是它不像3DSMAX那样方便直观，简单易学。

7.3D Studio VIZ

3D Studio VIZ是Autodesk公司以3D Studio MAX的核心技术为基础，削弱

了动画功能，增加了建模的图形模块，针对建筑设计、工业设计、室内设计等设计的需要，专门开发的可视化三维设计软件。

8.Pro/E

Pro/E是计算机辅助产品设计的最专业软件之一，由著名的PTC公司研制开发。它从产品的构思、完善到生产加工都做到了高度的专业化和规范化。在前期的建模、造型上它能以参数化的形式方便地生成曲面、倒角等其他软件难以完成的任务；在后期的工程设计方面，还能自动优化产品结构、材料和工艺，完成由CAD到CAM的转化。

Pro/E可以随时由3D模型生成2D工程图，自动标注尺寸。由于其具有关联的特性，并采用单一的数据库，因此修改尺寸，工程图、装配图都会作相应的变动。

Pro/E以特征作为设计单位，如孔、倒角等都被视为基本特征，可随时对其进行修改、调整，且完全符合工程技术的规范和要求。

Pro/E的3D实体建模，既可以将设计者的思想真实地反映出来，又可以借助其系统参数计算出体积、面积、重量等特征。

Pro/E使模具设计变得十分容易，并直接支持很多数控机床，使设计、生产一体化，这是其他软件无法比拟的。

所以在现代企业中，产品的开发设计都基本使用了Pro/E系列。但是该软件要在工作站应用，所以在教学中就有一定的局限性。

9.Spss

Spss是一个优秀的统计软件，它主要用于市场调研阶段。将调查信息输入该软件系统后，能得到我们所需的统计结果，并能协助我们分析出该产品的市场状况。

10.Poser

Poser是Meta-Creations公司出品的三维人体动画制作软件，它提供了大量的人物、动物和一些辅助物体的模型。在设计产品中，在Poser中选择几个典型的人体形态，将模型输出到Maya、3DSMAX等软件中，配合分析与产品的人机关系。

此外，还有许多建模或渲染的软件，如Softimage、UG、Solid Thinking等，这些软件都有其突出的特色，但与上述软件的特色大同小异，就不做详细介绍。

第二章

计算机辅助图形
设计系统

图形系统的基本功能

图形系统主要有计算、存储、输入、输出及对话等五个方面的基本功能。

1.计算机功能

主要实现设计过程中的市场计算、变换、分析等功能。如直线、曲线及曲面等几何对象的生成，坐标的几何变换等。

2.存储功能

主要实现存储设计的各种形体的几何数据、其间的相互关系数据以及对形体的编辑调整信息等功能。

3.输入功能

主要实现将设计形体的几何参数及各种操作命令输入到系统中等功能。

4.输出功能

主要实现在屏幕上显示出设计的过程及形体的状态等功能，包括对形体的各种编辑调整后的结果。另外，还要实现在其他输出设备，如绘图仪、打印机上输出设计结果的功能。

5.对话功能

主要通过图形显示器及其他人机交互设备实现直接人机通信的目的。利用图形定位与拾取等方法输入获取的各种参数，并按照人的指令进行各种相应的操作。

第二节

系统构造

计算机辅助图形设计系统是指以计算机硬件为基础、系统软件为主体、应用软件为核心组成的面向图形设计的信息处理系统。

1.硬件

它是CAD系统的物质基础，由计算机、绘图机、打印机、扫描仪等硬件设备构成。这个系统要求具有计算功能、存储功能、输入输出功能和交互功能。

2.系统软件

主要用于计算机的管理、维护、控制及计算机程序的翻译、装入和运行，包括操作系统（win95/98/NT/2000，unix等）和网络协议（TCP./IP，SPX/IPX）。

3.应用软件和支撑软件

我们进行实际设计工作要使用的，运行在操作系统上的软件，包括各种设计软件、工具软件和数据库，如AutoCAD、Pro/E、3DMAX等。

只有建立完整的系统，我们才能使用计算机去完成设计工作。

硬件设备

一、主机、存储设备与显示系统

1.主机

主机是计算机的核心部分。笼统地说，就是计算机机箱内装配的所有硬件。以微机为例，内部设备一般包括：主板、CPU、内存、显示卡、多功能卡、内置式modem卡、电源、输入输出接口（串行口、并行口）、硬盘、软驱、光驱等。主机内的硬件性能决定了计算机的总体性能。它们之间的协调性、兼容性非常重要。

2.显示系统

显示系统是由显卡和显示器共同组成。它是设计师与计算机交换信息的主要部分。一个高效、稳定的显示系统能大大提高工作效率和工作质量。

用于设计的显示器一般要求43.2cm以上，直角或超直角平面的显像管（CRT），分辨率为1024×768以上，点距小于等于0.25mm，刷新频率达75Hz以上，具有色彩调节功能，具有省电、即插即用、数码控制、低辐射和消磁干扰功能。

显示卡一般要求能达到有效支持显示器的工作。对于设计工作者来说，最好还要具备支持3D加速的正缓存、支持双暂存区、支持材质模式、气氛效果、涂色功能等。最好具有16MB以上的显存，并支持OpenGL，现在的爱尔莎（ELSA）图形卡是较为理想的专业设计图形卡。

主机内的硬件配置，不同时代有不同的标准，价格也是一个因素。对于工业设计二维、三维作图来说，速度越快越好。CPU一般选用intelP4或AMD的K8以上，必要时可配置双CPU，工作效率更高。

内存的大小也是影响工作效率的一大因素，内存一般要在128MB以上，最好是512MB~1024MB，这样，设计软件操作起来更快速、轻松。

硬盘是计算机主要的存储器。现在80G的硬盘已是主流，使用空间足够。设计者一般都选用7200转的硬盘，但最好选用SCSI硬盘，这样数据传输量大，效率更高。

存储媒介除了硬盘和软驱外，还有许多大容量的存储器，如：CD-R（光盘刻录机）是最理想的存储设备，它成熟可靠，兼容性强，价格低，可容量大（640M以上），Mo（可读写光驱）、EIP（大容量软驱）具有可读写双重功能，一般用来存取信息量较大的文件。

对光驱、软驱、网卡的选择，设计没有特殊要求，按常规配置即可。

二、输入设备

用户向计算机输入信息的装置都称为输入设备。一般包括鼠标器、键盘、光驱、数字化仪、图形输入板、压力感应笔加手写板、图形扫描仪、数字照相机、多媒体输入设备等。

完成不同的设计工作，所需的输入设备各不相同。要根据工作的内容来配置不同的品牌、型号和档次，鼠标一般要求手感舒适，有500dpi以上的分辨率和较高灵敏度的三键鼠标。在某些设计软件中，鼠标的中键有特殊的使用功能。

压力感应笔和手写板是为习惯于用笔画图的设计师而设计的，它能根据人画图时手的用力轻重自动感应压力，并在屏幕上显示笔触的真实感觉（粗细、方向等）。对于图形设计来说，就可实现在计算机上"画"草图了。在Painter、Studio-Paint等软件上使用，效果极佳。

图形扫描仪是图片输入的主要设备。从结构方式上来看，有手持式、台式、旋转鼓式和滚筒式几种。对于对图片质量要求较高的设计工作来说，一般都使用台式扫描仪。滚筒式扫描仪主要用于高精度大幅面的图片输入，个人很少配备。

对于工业设计师，一般选用光学分辨率为1200dpi以上的具有幻灯片扫描功能的平台式扫描仪。

数码相机已成为设计师收集图像资料的重要工具。数码相机通过高感光度半导体材料，将图像转化为数据，再通过内部芯片将图像数据转换成相机内部存储格式（如JPEG、TIF等格式），最后将它保持在内部存储器中。数码相机中的图像可通过标准串口或并口方便地导入计算机。

数码相机的性能主要是生成图像的分辨率，一般工业设计师选用1024×768以上分辨率的数码相机。

其他多媒体输入设备，如语音输入系统、数字摄像机等均可根据需要使用，它们都不是工业设计师的常用工具，一般作为辅助工具使用。

三、输出设备

输出设备一般指打印机和绘图仪。

1.打印机

打印机是计算机系统常用的输出设备，按打印机的打印方式，可分为点阵打印机、喷墨打印机、激光打印机和热敏式打印机。点阵打印机属于击打式打印机，喷墨打印机、激光打印机和热敏式打印机属于非击打式打印机。

点阵打印机精度较低，一般只用于文字打印。

喷墨打印机是将红、黄、蓝、黑等墨水，通过精细的喷头，喷出细小的墨滴，附着在打印纸上，形成色彩图样的一种有较高清晰度的输出设备。价格适中，打印幅面一般为A4~A2。

激光打印机是具有较高分辨率和打印速度的打印机。它结构复杂，集光、机、电技术于一体，高速激光打印机可达2万行/分，其分辨率在4~12点/毫米。打印质量高、价格也高，打印幅面一般为A4~A3。

彩色激光打印机优势不及彩色喷墨打印机。

热敏式打印机主要有热蜡转移和热升华两种。

打印机的主要技术指标如下：

（1）打印质量：要求文字或图像的对比度好、清晰度高。

（2）打印速度（名义打印速度）：名义打印速度不包括打印头回车、换行和代码输入时间的打印速度，一般产品手册上给出的既是名义打印速度。一般微机用户使用的打印机，达到200CPS（CPS为串行式打印速度）左右即可满足要求。但对于大量文字或数据处理业务，打印速度还是要求高一些。

（3）可靠性（平均无故障时间MTBF）：可靠性的要求主要是指对机械部件、电气元件以及整机制造工艺的要求。对机械部件，特别要求打印头的寿命要长。

（4）复印能力（拷贝能力）：目前微型计算机已广泛用于企事业单位的办公室事务、财务的管理，尤其是对文件、单据、票证的处理，要求能复印多份。在复印能力方面，非击打式打印机优于击打式打印机。

（5）灵活性：要求字体变化灵活多样，具有图形输出功能。

（6）工作噪音：对打印机的工作噪音要求越低越好。

2.绘图仪

绘图仪是一种能在纸张、薄膜和胶片等记录媒体上绘出计算机生成的各种图形或图像的设备，最早出现于20世纪50年代末。根据在图纸上生成图形的方式，绘图仪分为喷墨、激光、静电和笔式绘图仪，喷墨和笔式绘图仪是现今使用较多的绘图设备。

计算机的硬件设备的配置以"够用"就行，选用价格适中、兼容性强、功能齐全、人机交互界面好、便于升级的配置。

第四节

操作系统软件

操作系统软件是指用于计算机的管理、维护、控制以及计算机程序的翻译、装入与运行、独立于计算机硬件的软件系统。

如DOS、Win95/98、Windows2000、WindowsNT、Macintosh、Unix等，它提供应用软件运行的环境。大部分应用软件都是基于Windows平台而开发的，易学、易用。其中WindowsNT和Windows2000的稳定性较好，对设计师来说最适合。

第五节

应用软件

应用软件是运行于操作系统之上，用于解决各种设计中的实际问题的程序。在计算机辅助图形设计中，按使用功能可分为平面设计软件、立体设计软件和其他工具软件。

一、平面设计软件

一般把以平面操作功能为主的软件称为平面设计软件。其中包括图形绘制软件、图像处理软件和桌面排版软件。

常用图形绘制软件有：Coreldraw、Illustrator、Freehand、AutoCAD等。

常用图像处理软件有：Photoshop、Photopaint、Painter、Corel-Photopaint、Paintshop等。

桌面排版软件有：Pagemaker、Quarkxpress、Office等。

二、立体设计软件

立体设计软件一般是指具有三维建模或三维处理功能的软件。三维建模软件有：AutoCAD、3Dmax、3Dsviz、Formz3D、Alias、Rhino、Pro/E、Maya、Softimage、Solidworks、Solid.Thinking、Microstation、CATIC、I-Deas、UG等。

三、常用工具软件

"工具"是相对工业设计者而言的。在设计中，平面设计和立体设计以外的常用软件统称为"工具"软件。这些软件一般有ACDsee（看图软件）、Poser（人体模型软件）、Lightscape（渲染软件）、Winzip（文件压缩软件）、金山词霸（汉化软件）、Spss（大型统计软件等）。这些工具具备以下两大特点：

①有的本身就能完成部分设计任务，如Lightscape。

②在设计中带来更多的方便，如ACDsee、Winzip。

一个高效的计算机辅助设计系统，软、硬件的搭配要合理，某方面单一的高配置有时并不能取得理想的速度和稳定性，而且任何好的配置都是暂时的，计算机技术发展永无止境，我们应该面对现实，在它的生命周期内，发挥它的作用，真正体现其存在的价值。

第三章

图形、图像制作的基本流程

平面处理的基本流程

这里的平面处理指的是静态图片的处理，包括制作的广告图片、对拍摄的数码照片进行处理等。由于静态图片处理相对简单一些，因此其制作流程也较为简单。

1.明确处理的目标

这是初学者容易忽略的一步，也是非常重要的一步。在这一步一定要搞清楚处理工作的目标，确定最终静态图片的风格。因为不同风格图片的处理方法和使用的工具也不尽相同。

2.准备需要的素材

根据最终效果的要求，准备必要的素材。素材的来源有很多，可以是自己使用数码相机拍摄的照片，也可以是图片、图画等。如果是照片和图画，则需要使用扫描仪将它们扫描成数字格式。必要时则需要三维软件制作一些素材。

3.选择合适的处理软件

现在可以进行平面处理的软件很多，如Photoshop、Painter、Picture、Publisher等，制作者应该根据素材情况、要制作作品的特点以及自己对软件的熟悉情况，选择合适的制作软件。

4.从软件中选取较为合适的处理工具

每个制作软件都提供了很多工具，要完成一件任务可以选择不同的工具，如何选取更为合适的工具是制作者应该考虑的一个问题。这与制作者对软件的熟悉程度密切相关。因此，从事图形、图像制作者应至少熟练掌握一种平面处理工具。

5.使用选取的工具完成需要的处理操作

选取合适的工具后开始完成必要的操作。在这个阶段，制作者应该注意保留制作的中间过程（如Photoshop的图层等），以便于后续的修改。在具体制作过程中，一定要时刻把握图形的大关系，不要只将注意力放在具体细节上。

6.评价处理的结果

待制作的初稿完成后，制作者要仔细评价当前作品与用户要求的最终效果的不同，找出问题所在，并确定合适的修改方案。

7.根据评价结果进行修改

此阶段的操作过程与第5个阶段基本相同，只是应更多地将注意力放在细节上。

8.与客户沟通

修改后的图像效果达到预期目的后可将制作结果呈现给客户。在这个阶段，客户如有对图像提出修改意见，制作者可与客户充分沟通，明确客户的意图。

9.根据客户意见进行修改

制作者在认真听取客户意见的基础上，提出修改方案，然后按修改方案进行修改，直至客户满意为止。实际上制作中第8和第9个阶段可能需要反复多次。

10.输出

待制作者和客户对最终的图像满意之后，就可以按客户要求的方式输出。

第二节

计算机辅助设计表现的特点与优势

一、计算机辅助设计表现的特点

1.准确性

计算机的工作方式不同于人。只要系统正常，输入参数无误它的结果不会有半点差错，对于绘图的尺寸都可精确到小数点后四位。这样的工具给设计带来了极强的可靠性，为将来的制造创造了必要的条件。

2.高效性

计算机问世的初衷就是减轻人的工作量，提高工作效率。在人工设计中我们常碰到一些问题，诸如需要复制同一对象等，对于这类重复性的工作，计算机瞬间就可完成。随着网络的应用，设计工作可分由不同计算机完成，这样的效率是人工无法比拟的。

3.交互性

设计师操作计算机，人—机之间相互交换信息。设计师对自己绘制的图形不仅能在任意角度和位置进行调整，而且在形态、色彩、肌理、比例、尺度等方面都可做适时的变动。这是传统设计无法达到的。

总之，在计算机设计面前，传统的图板、尺、规、笔、纸等工具均削弱了原有的地位和价值，计算机操作平台为我们提供了不可计数的方法。

二、计算机辅助设计表现的优势

利用计算机绘图，可以把工程设计、制造、生产、后勤、计划等环节连成一体，同时展开工作。这样，设计就不是孤立地进行，而是受到来自各方面信息的约束、检验和提示，保证了设计的系统性和科学性，这就是计算机辅助设计的重要设计方法——并行化设计。

第四章

平面设计软件
Photoshop

第一节

Photoshop 概述

Adobe Photoshop，简称"PS"，是由 Adobe Systems 开发和发行的图像处理软件。Photoshop主要处理以像素所构成的数字图像，使用其众多的编修与绘图工具，可以有效地进行图片编辑工作。PS有很多功能，在图像、图形、文字、视频、出版等各方面都有涉及。

作为当今世界上最为流行的图像处理软件，它提供了色彩调整、图像编辑和各种滤镜效果等功能，被广泛用于平面设计、图像处理等领域。

Photoshop其实就是一个图片处理的工具箱，它是帮助你完成你想要完成效果的工具，具体作品还取决于操作的人、取决于操作人的想象力、取决于操作人对工具的熟练程度。工具没有门槛，任何人都可以掌握，熟能生巧，但在学习软件的同时还要不断去补充相关的理论知识，提升自己的艺术涵养。优秀作品的创作取决于使用者艺术涵养的深度。学习时一定要记住"循序渐进，学以致用"，要经常使用，不能停留在理论方面，需要根据下面案例经常练习。另外，Photoshop是一款图片处理软件，并不是全能的，这款工具的核心功能始终是图片处理。

图4-1 工具条

第二节

Photoshop 工具箱的应用

打开Photoshop，可看到页面左边的工具条按钮，如图4-1所示。

1.选取框工具

选取框工具如图4-2所示，选取图像中的规则区域。

①矩形选框工具 ▦，应用于选取矩形或

▦ 矩形选框工具	M
○ 椭圆选框工具	M
╍ 单行选框工具	
▮ 单列选框工具	

图4-2 选框工具

正方形区域。

直接拖动可绘制矩形选区，如图4-3所示。

按住Shift可绘制从对角线顶点到顶点的正方形，如图4-4所示。

按住Shift+Alt可绘制出以鼠标落点为中心点的正方形，如图4-5所示。

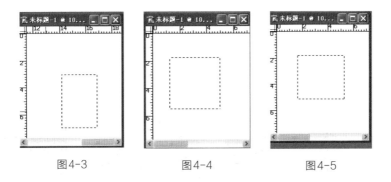

图4-3　　　　　　　图4-4　　　　　　　图4-5

②椭圆选框工具 ◯ 应用于选取椭圆
或圆形区域。

直接拖动可绘制椭圆选区，如图
4-6所示。

按住Shift可绘制从直径一端到另一
端的正圆，如图4-7所示。

按住Shift+Alt可绘制出以鼠标落点
为圆心的圆，如图4-8所示。

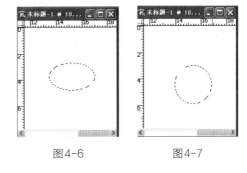

图4-6　　　　　　　图4-7

③单行选框工具 ▱▱ ，用于选取高度为1像素的选区。选择后，直接在画面上
单击便得到如图4-9所示的效果。

④单列选框工具 ▯ 用于选取宽度为1像素的选区。选择后，直接在画面上单击
便得到如图4-10所示的效果。

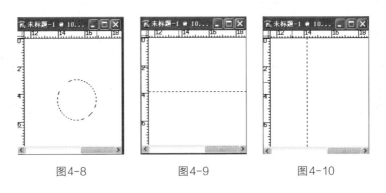

图4-8　　　　　　　图4-9　　　　　　　图4-10

2.套索工具

套索工具如图4-11所示，用于在图像中选取出任意形状的区域。

①套索工具 ，可用于徒手画的方式选取出不规则形状的区域，应用它可得到如图4-12所示的效果。

②多边形套索工具 ，用于在图像中选取出不规则的多边形图形，应用它可得到如图4-13所示效果。

③磁性套索工具 ，用于自动沿着图像的边缘寻找选区。应用它可得到如图4-14所示的效果。

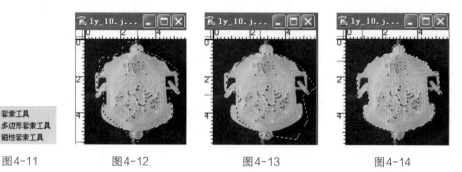

图4-11   图4-12   图4-13   图4-14

3.移动工具

移动工具 能够移动选中的区域，可以将选区、图层或参考线移动到新的位置，如图4-15所示。

4.魔棒工具

魔棒工具 ，用于选择图像中颜色相似的区域。用该工具可得到如图4-16所示的效果。

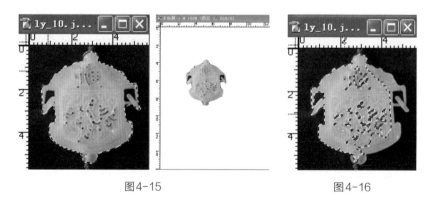

图4-15   图4-16

5.裁切工具

①裁剪工具 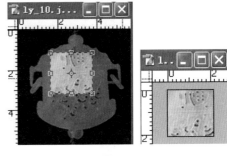，用于移去选中图像以外部分形成突出或加强构图效果，如图4-17所示。

②切片工具 ，利用它可以将大的图像切割成几个独立的小图像，如图4-18所示。

图4-17

切片工具，在设置好选项后，单击并拖动鼠标，就会出现一个矩形的虚线框，同时按住键盘上的Shift键可将矩形虚线框移动到想要的位置，如图4-19所示。

③切片选取工具 ，主要是对已经创建的切片进行外置及形状上的修改。它既可调整堆砌切片的顺序，还能对切片进行命名或URL链接，如图4-20所示。

■ ✐ 切片工具　　　K
　 ✐ 切片选取工具　K

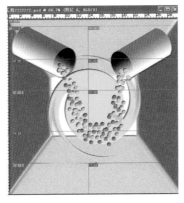

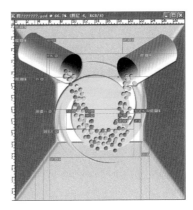

图4-18　　　　　　　　　图4-19　　　　　　　　图4-20

6.修复工具

①修复画笔工具 ，主要是对图像中像素进行修补和对颜色进行修改。

修复画笔工具如图4-21所示，可用于校正图像中的瑕疵，效果如图4-22所示。

②修补工具 ，可利用图像的局部或图案来修复所选图像区域中不完美的部分。它要先建立选区，然后再用拖动选区的方法来修补图像，如图4-23所示。

③颜色替换工具 ，可以用工具箱中的前景色替换图像中的颜色，即用替换颜色在目标颜色上绘画。

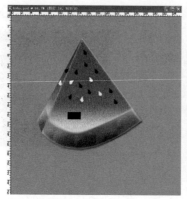

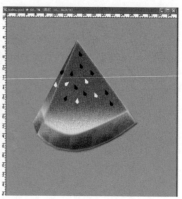

图4-21

图4-22

图4-23

7.画笔工具

①画笔工具 ，以当前的前景色进行绘画。

画笔工具如图4-24所示，它创建的边缘比较柔软且有明显的粗细变化，效果如图4-25所示。

②铅笔工具 ，可创建较硬的手画线，效果如图4-26所示。

8.图案工具

图章工具如图4-27所示。

①仿制图章工具 ，可用图像的样本来绘画，从图像中去样，然后可将样本

应用到其他图像或同一图像的其他部分，效果如图4-28所示。

②图案图章工具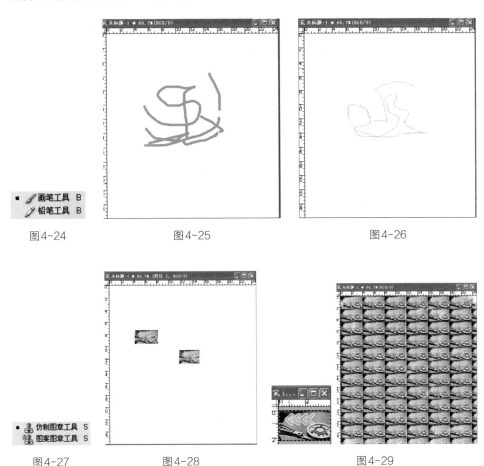，可以利用从图案库中选择的图案，或者自己创建的图案进行绘画，效果如图4-29所示。

图4-24

■ 画笔工具　B
　　铅笔工具　B

图4-25

图4-26

■ 仿制图章工具　S
　　图案图章工具　S

图4-27

图4-28

图4-29

9.擦除工具

擦除工具如图4-30所示，具有擦除图像全部或局部的功能。

①橡皮擦工具 ，可将背景图层和普通图层中透明选项被锁定的图像擦除成背景色，如图4-31所示。

②背景色橡皮擦工具 ，可将背景图层和普通图层的图像都擦成透明色，如图4-32所示。

③魔术橡皮擦工具 ，在图层中单击时，该工具会自动更改所有与鼠标落点颜色相似的像素，如图4-33所示。

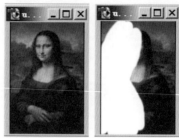

■	☑ 橡皮擦工具	E
	☑ 背景色橡皮擦工具	E
	☑ 魔术橡皮擦工具	E

图4-30   图4-31

图4-32   图4-33

10.填充工具

填充工具如图4-34所示。

①油漆桶工具 🪣，它可以为选区和图层鼠标落点颜色相近

的区域填充颜色，如图4-35所示。

图4-34

②渐变工具 ▬，可填充多种颜色，呈现多种效果，如图4-36所示。

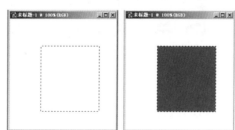

图4-35   图4-36

11.修正工具

修正工具如图4-37所示。

①模糊工具 💧，可柔化图像中的硬边缘，通过降低像素

之间的反差，使图像产生朦胧的效果，如图4-38所示。

图4-37

②锐化工具 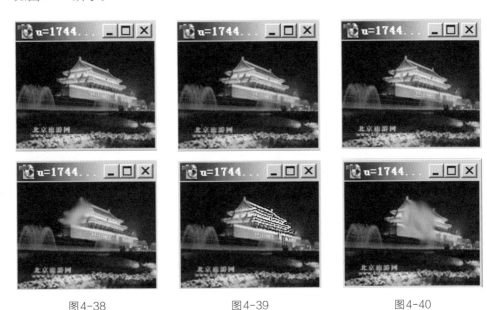，可对图像中的柔边缘进行锐化处理，增强像素之间的反差，使图像产生清晰的效果，如图4-39所示。

③涂抹工具 ，该工具可拾取涂抹开始位置的颜色，使图像中的数据展开，如图4-40所示。

| 图4-38 | 图4-39 | 图4-40 |

12.选择工具

选择工具如图4-41所示。

①路径选择工具 ，是用来选择一个或多个路径，并可进行移动、组合、对齐等操作。

图4-41

②直接选择工具 ，可用来对路径进行调整。

13.文字工具

文字工具 T.用于创建文本图层及在内部进行文字录入，如图4-42所示。

图4-42

①横排文字工具 T.，可输入横排文字，形式如图4-43所示。

②竖排文字工具 ，用于将文字垂直方向排列，如图4-44所示。

③横排文字蒙版工 ，用于创建横排文字蒙版或选区，如图4-45所示。

④竖排文字蒙版工具 ，用于垂直方向排列蒙版内容，如图4-46所示。

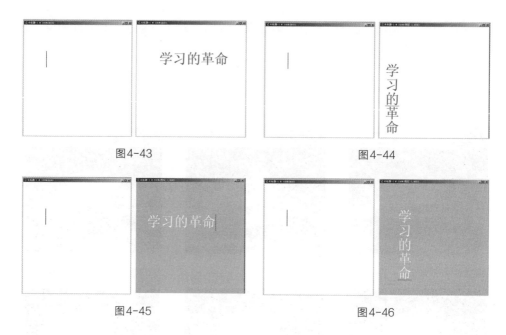

图4-43   图4-44

图4-45   图4-46

14. 创建路径工具

创建路径工具如图4-47所示。

①钢笔工具 ，用于创建任意形状路径，如图4-48所示。

②自由钢笔工具 ，主要用于创建沿图形边缘的路径，如图4-49所示。

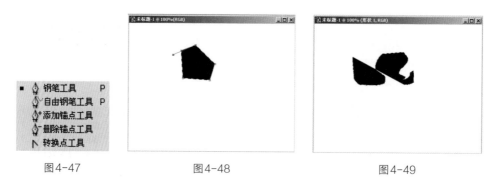

图4-47   图4-48   图4-49

③添加描点工具 ，用于在已绘制的路径中添加描点，如图4-50所示。

④删除描点工具 ，用于在已绘制的路径中删除描点，如图4-51所示。

⑤转换描点工具 ，用于调整路径位置及方向，如图4-52所示。

⑥自定义形状工具 ，用于绘制各种自定义的形状路径图形，如图4-53所示。

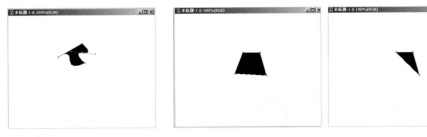

图4-50   图4-51

图4-52   图4-53

15.吸管工具

吸管工具 ，可以直接在图像中单击取样，取来的颜色将代替先前的前景色，如图4-54所示。

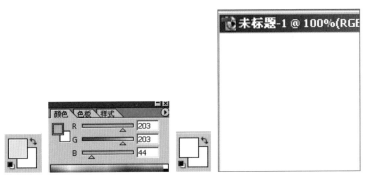

图4-54

16.缩放工具

缩放工具 ，可将图形进行放大缩小，放大效果如图4-55所示。使用Alt +放大镜可缩小图像，如图4-56所示。

17.抓手工具

抓手工具 将鼠标移至图像窗口中，拖拽鼠标，可将窗口中无法观察到的图像显示出来。

图4-55　　　　　　　　　　　图4-56

18.色彩填充工具

①前景色（上面色块）![img]，使用画笔、铅笔工具描边，油漆桶工具填充，使用的都是前景色。

②背景色（下面色块）![img]，使用橡皮擦除时，擦除区域中会填充背景色的颜色。

19.颜色图标

颜色图标![img]，单击该图标可将前景色和背景色恢复到默认的黑色和白色。

第五章

Photoshop
实例制作

1.制作说明

手提袋是人们生活中的常见要品，此手提袋将时尚和实用相结合，突出简洁大方。本实例在Photoshop中主要应用了"钢笔""路径""画笔"等工具，如图5-1所示。

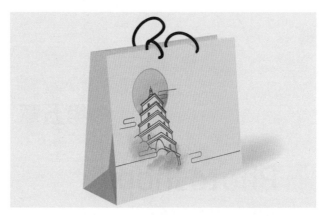

图5-1

2.操作步骤

（1）首先新建一个画布，设置好背景颜色，方便后面调整，如图5-2所示。

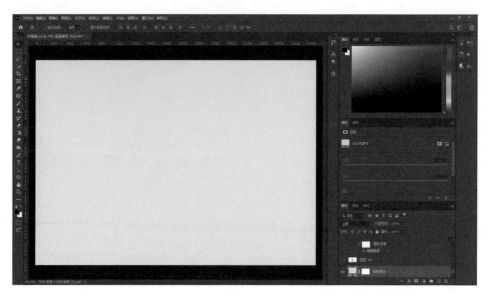

图5-2

（2）用钢笔工具勾画出手提袋的形状，并创建颜色蒙版，如图5-3所示。

图5-3

（3）用钢笔工具勾画出侧边的形状，并将其调整成较深的颜色，如图5-4所示。

图5-4

（4）将上部分勾画出形状，并填充为自己想要的颜色，作为手提袋内部的颜色，如图5-5所示。

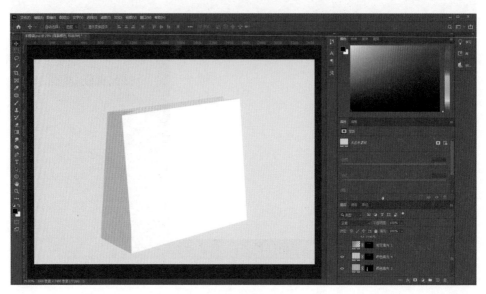

图5-5

（5）继续添加一个渐变色，使其深浅具有一定的变化，更有立体感，效果如图5-6所示。

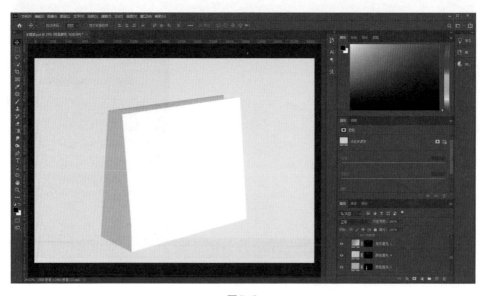

图5-6

（6）继续添加一个灰色的形状，颜色更深一层，效果如图5-7所示。

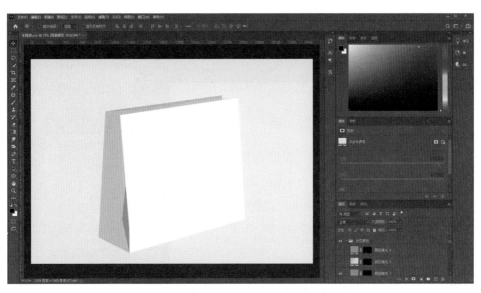

图5-7

（7）在上一步的基础上给该形状添加一个渐变色，使其阴影效果更真实，效果如图5-8所示。

图5-8

（8）在底部继续绘制一个三角形的形状，完成手提袋底部的立体效果，效果
如图5-9所示。

图5-9

（9）绘制出提手的形状，如图5-10所示。

图5-10

（10）在手提袋和提手的连接处绘制一个椭圆，并制作出金属的效果，如图5-11所示。

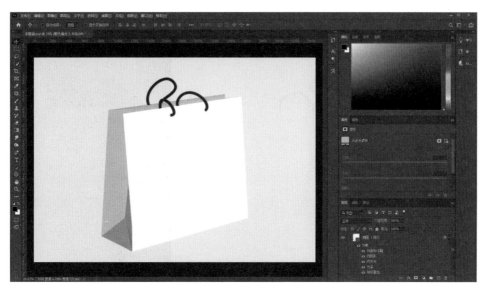

图5-11

（11）将提手复制一层，调整形状以及透明度，作为提手的阴影效果，如图5-12所示。

图5-12

（12）创建一个手提袋正面形状，链接智能对象，方便修改自己想要的设计图案，如图5-13所示。

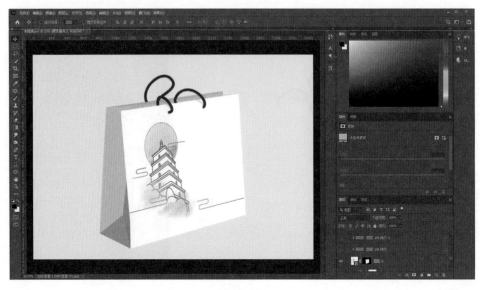

图5-13

（13）调整手提袋正面的色彩，如图5-14所示。

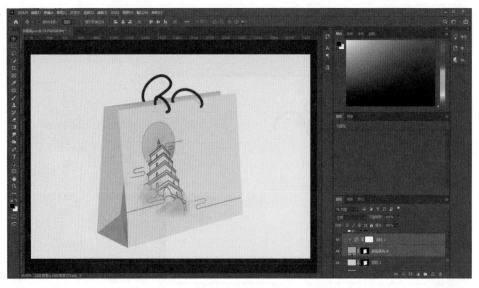

图5-14

（14）在手提袋的正面添加想要的纹理效果，如图5-15所示。

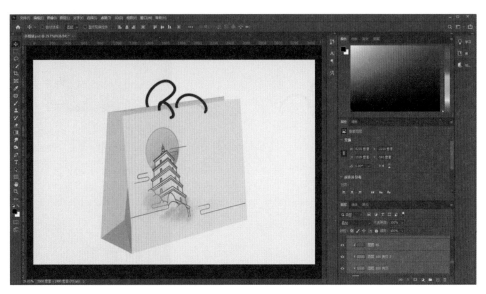

图5-15

（15）对提手添加想要的纹理效果，如图5-16所示。

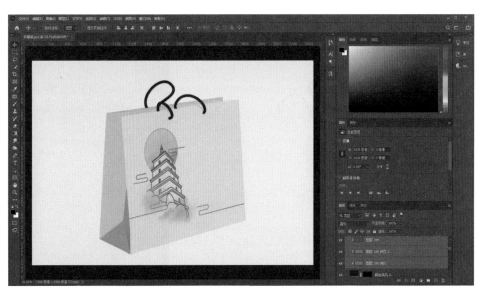

图5-16

（16）画出手提袋的阴影，如图5-17所示。

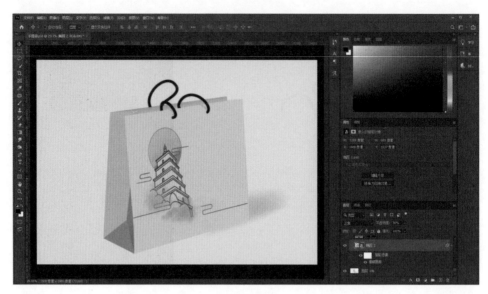

图5-17

（17）调整画面的色彩平衡，如图5-18所示。

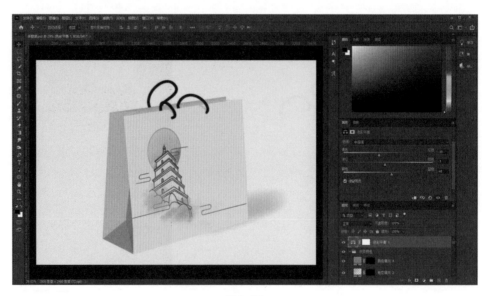

图5-18

（18）完成手提袋的制作，如图5-19所示。

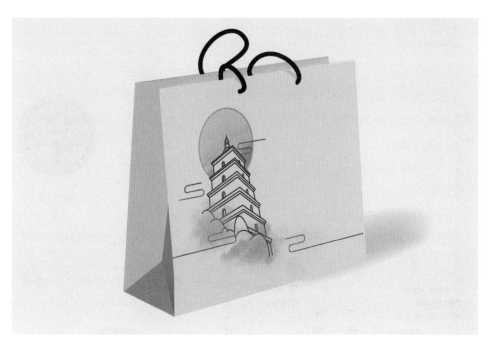

图5-19

（19）可以对图案及色彩进行调整，达到自己想要的效果，如图5-20所示。

图5-20

实例2 象棋效果图制作

1.制作说明

通过画圆、描边、斜面和浮雕等工具的使用，绘制一个简单的象棋，如图5-21所示。

图5-21

2.操作步骤

（1）打开Photoshop，新建一副RGB模式空白图像，参数设置如图5-22所示。

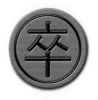

（2）新建图层1，画圆。

（3）根据编辑→填充→使用→图案→木材工具完成如图5-23所示效果。

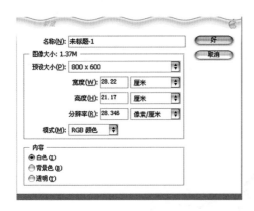

图5-22

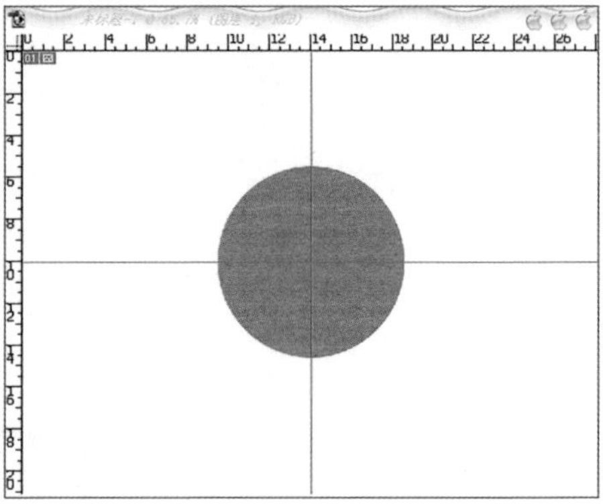

图5-23

（4）输入文字。

（5）点击文字图层，选择删格化图层。

（6）Ctrl+T，对文字进行大小变化，如图5-24所示。

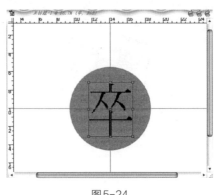

图5-24

（7）画圆，并创建新图层2。

（8）编辑→描边。参数设置如图5-25所示。

（9）双击图层2→图层样式→斜面和浮雕，参数设置如图5-26所示。效果如图5-27所示。

图5-25

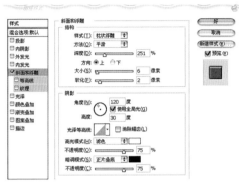

图5-26

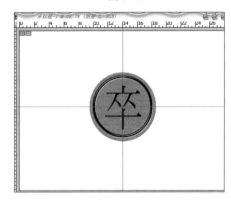

图5-27

（10）对文字图层重复步骤（9）中操作，参数设置同（9），效果如图5-28所示。

（11）双击图层1→选择图层样式→斜面和浮雕。参数设置如图5-29所示，效果如图5-30所示。

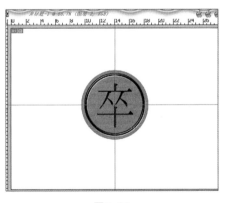

图5-28

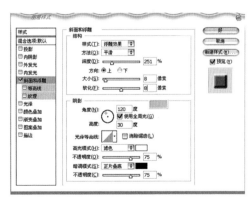

图5-29

（12）图层→合并可见图层→存盘完成绘制。

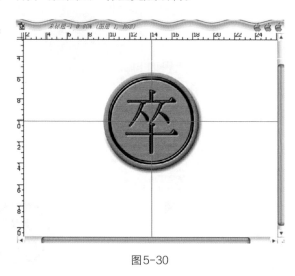

图5-30

实例3　纽曼MP3效果图制作

1.制作说明

此款为纽曼MP3系列——音影王，具有清新、简洁、明快等特点。制作过程主要运用图层样式、描边、渐变、钢笔尖、变换、输入文字等工具，如图5-31所示。

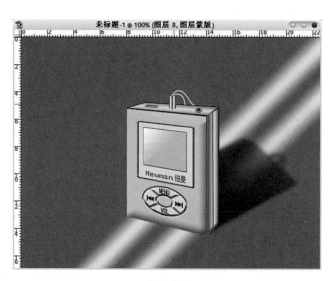

图5-31

2.操作步骤

（1）新建一个文档，设置参数如图5-32所示。

（2）新建图层1，拖出参考线，用矩形选框工具画出选区，填充选区颜色R=205，G=205，B=205，如图5-33所示。

图5-32

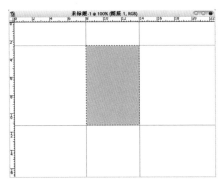

图5-33

（3）打开图层样式添加斜面浮雕，设置如图5-34所示，效果如图5-35所示。

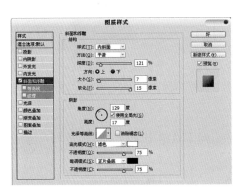

图5-34

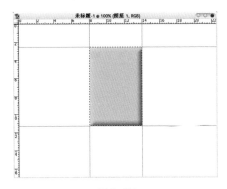

图5-35

（4）新建图层2，拖出参考线，用矩形选框工具画出选区，填充选区R=230，G=230，B=230，如图5-36所示。

（5）新建图层3，为选区描边，设置如图5-37所示，效果如图5-38所示。

（6）为图层3添加浮雕效果，设置如图5-39所示，效果如图5-40所示。

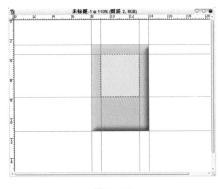

图5-36

图5-37

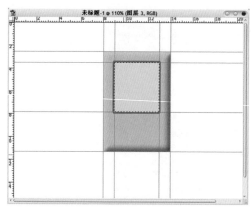

图5-38

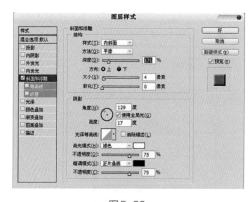

图5-39

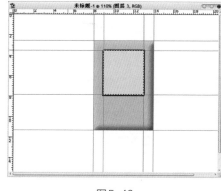

图5-40

（7）新建图层4，拖出参考线，用矩形选框工具画出选区，用白色填充选区，如图5-41所示。

（8）为图层4添加浮雕效果，设置如图5-42所示，效果如图5-43所示。

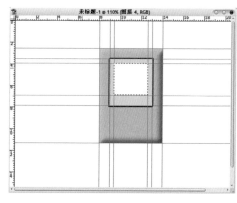

（9）新建图层5，拖出参考线，用椭圆选框工具画出选区，填充选区R=230，G=230，B=230，如图5-44所示。

（10）用直线工具画出如图5-45所示的路径，将路径载入选区，回到图层面板剪切选区内的图像。

图5-41

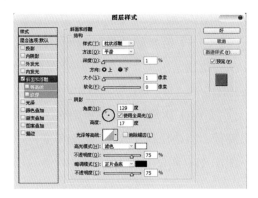

图5-42

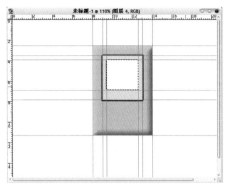

图5-43

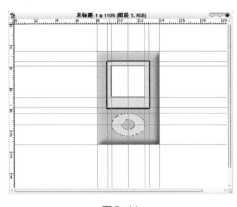

图5-44

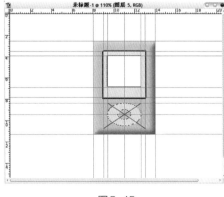

图5-45

（11）为图层5添加浮雕效果，设置如图5-46所示，效果如图5-47所示。

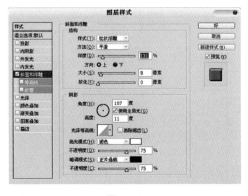

图5-46

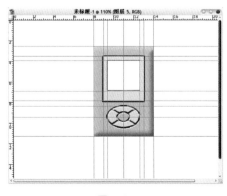

图5-47

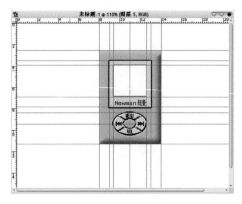

图5-48

（12）输入文字，如图5-48所示。

（13）链接除背景外的所有图层，执行透视、斜切，如图5-49、图5-50所示。

（14）新建图层6，绘制如图所示路径，将路径载入选区，填充渐变，如图5-51、图5-52所示。

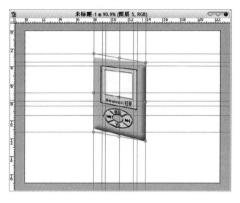

图5-49

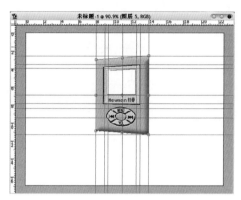

图5-50

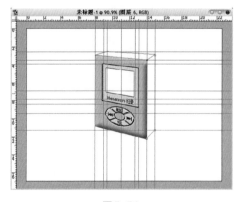

图5-51

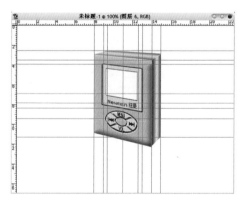

图5-52

（15）调整图层样式，如图5-53、图5-54所示。

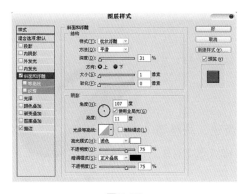

图5-53

图5-54

（16）清除参考线，如图5-55所示。

（17）调整细节，增加顶部按钮，为图层4增加透明渐变，加背景、投影，如图5-56、图5-57所示。

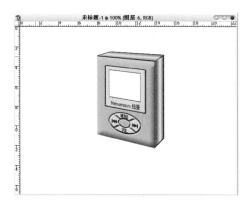

图5-55

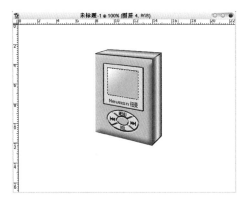

图5-56

图5-57

1.制作说明

鼠标（图5-58）制作使用的命令、工具主要有：钢笔、渐变等。

图5-58

2.操作步骤

（1）打开Photoshop，单击文件选择新建，调整高度和宽度，设分辨率为72，内容为白色，模式为RGB，如图5-59所示。

（2）新建文件后，用钢笔工具进行描点如图5-60所示。

（3）再通过添加描点，用钢笔尖工具画出鼠标的样子，如图5-61所示。

图5-59

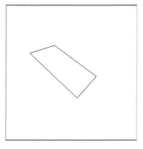

图5-60

图5-61

（4）点击路径面板，再点右键，选择建立选区，如图5-62所示。

（5）建立选区后用渐变进行添色，如图5-63所示。

（6）依照上述方法将鼠标的其他部分在不同的图层一一作出。建立新的路径，在新的图层画出上面的部分，如图5-64所示。

图5-62

图5-63

图5-64

（7）建立选区上色，如图5-65所示。

（8）依照上述方法在不同的图层将剩余部分一一画出，如图5-66所示。

（9）最后选择图层样式菜单中的混合选项对鼠标的各个部分进行修改，完成制作，如图5-67所示。

图5-65

图5-66

图5-67

实例5　贺年卡效果图制作

1.制作说明

该设计主要是采用中国传统文化元素进行构思，以凹凸有致的纹理作底面，象征中国传统文化的底蕴；主体物"炮竹"和"新春福到"串联成的中国结，体现出传统民俗风情；该设计的色彩主要是以中国传统色"红"和"黄"为主，再增添一些鲜艳的色彩，突出新春佳节喜庆的气氛（图5-68）。本例使用的命令主要有编辑、滤镜、图层、视图等工具。

2.操作步骤

（1）打开Photoshop，点击文件—新建，如图5-69所示，再点"好"建好新文件。

图5-68

（2）点击矩形选框工具拉出一个矩形框，再点击油漆桶工具填充红色，如图5-70所示。

图5-69   图5-70

（3）点击滤镜—纹理，如图5-71所示，确定后得出图5-72的效果。

（4）点击文件—新建，其程序如步骤（1），确定后填充黑色，便于分清色彩。新建图层，开始做圆柱。点击矩形框工具拉出一个矩形框，选择淡黄色，再点击渐变工具，在矩形中填充渐变色，效果如图5-73所示。

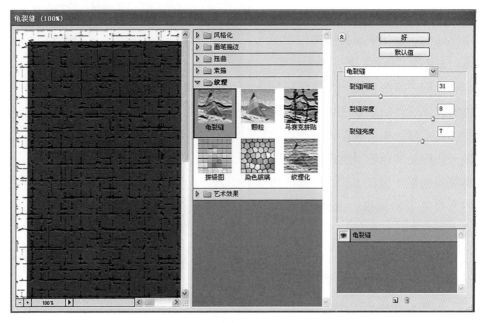

图5-71

（5）点击椭圆形工具，在矩形选框上部作椭圆，填充渐变色如图5-74所示，再点击移动工具，把椭圆移动到矩形框下部作成圆柱体下面的弧形，如图5-75所示，然后新建图层，重新在矩形上部作椭圆，点击油漆工具填充颜色作成圆柱，图5-76为最终效果。

（6）关闭图5-75背景，合并可见图层，点击移动工具，把圆柱移到图5-72上，通过编辑→变换→旋转进行移动和整理，串成鞭炮，其效果如图5-77所示，再用画笔工具画出鞭炮的引火线。

（7）关闭图5-77背景，合并可见图层后，再点击图层→图层样式→混合选项，如图5-78设置，确定后得到图5-79的效果。

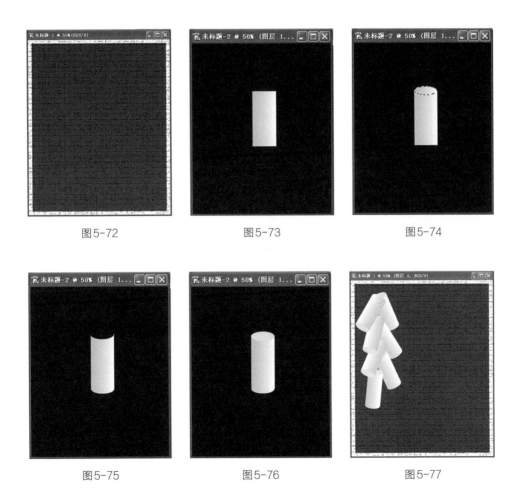

图5-72   图5-73   图5-74

图5-75   图5-76   图5-77

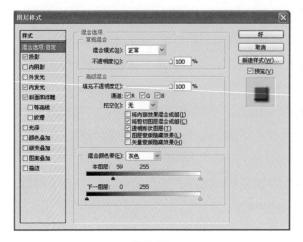

图5-78

图5-79

（8）建立新图层；点击视图—标尺，做参考线；点矩形框，作正方形；点油漆桶填充黑色，如图5-80所示。依次用同样的方法作出重叠的正方形，得到如图5-81的效果。

（9）点击视图—清除参考线，再通过编辑→变换→旋转工具，效果如图5-82所示。

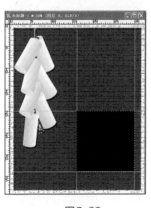

图5-80

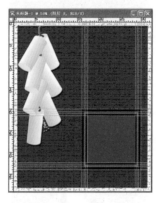

图5-81

图5-82

（10）点击图层→图层样式→混合选项，如图5-83所示，得到的效果如图5-84所示。

（11）建立新图层，点文字工具，选字体为华文行楷，在正方形中输入"福"字，再点击编辑→变换→旋转，得到图5-85的效果。

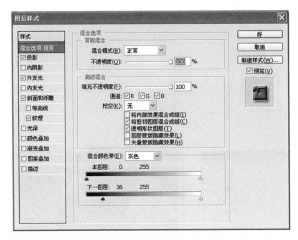

图5-83

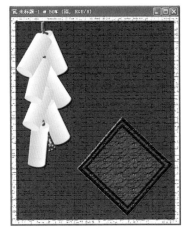

图5-84

图5-85

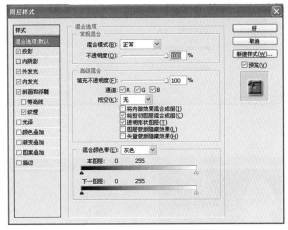

图5-86

图5-87

图5-88

（12）点击图层→图层样式→混合选项如图5-86所示，效果如图5-87所示。

（13）新建图层，点竖排文字工具，在"福"字上方输入"新春"，如图5-88所示。

（14）点击图层→图层样式→混合选项，如图5-89所示，得到如图5-90所示的效果。

（15）新建图层，点自定形状工具→选择形状：花5；拉出花形，如图5-91所示，再使用Ctrl+左键点击该图层→复制图层→形状副本；点击图层—像素化；编辑→描边，如图5-92所示，效果如图5-93所示。

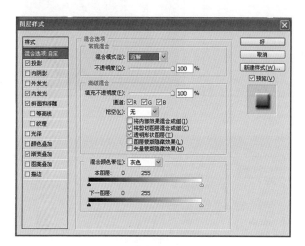

图5-89

图5-90

图5-91

图5-93

图5-92

（16）关闭形状1，得到空心花形，效果如图5-94所示。

（17）点击自定形状工具，选择形状→形放射，依次拉出放射形状，填充各种色彩，贺年卡的最终效果如图5-95所示，最后合并图层完成。

图5-94   图5-95

实例6 中式茶具效果图制作

1.制作说明

本例中使用的命令、工具主要有斜面与浮雕、渐变、钢笔等，如图5-96所示。

2.操作步骤

（1）打开Photoshop软件，新建一文件，选择"视图"中"标尺"，新建一个图层—"盘子"，横竖拉两条基准线定出中心点，如图5-97所示。

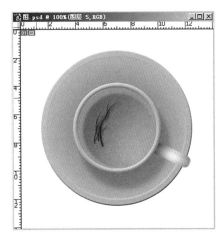

图5-96

（2）使用椭圆工具，按Alt+Shift从中点拉个大圆，设置前景色与背景色为不同灰度，使用线形渐变工具以对角线方向填充选区，如图5-97所示。

（3）双击图层"盘子"设置图层样式，选择斜面和浮雕，大小、软化值设置如图5-98所示，其余默认，效果如图5-99所示。

（4）新建一个图层，由中点画一个小一点的圆进行填充，设置图层样式，选斜面和浮雕，方向下、大小3像素，适当调节不透明度，如图5-100所示。

（5）新建一个图层，用椭圆工具画一个比第二个圆还小的圆，选择径向渐变，如图5-101所示。

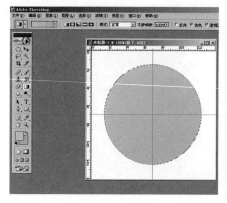

图5-97   图5-98

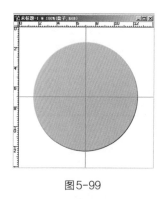

图5-99

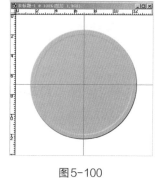

图5-100

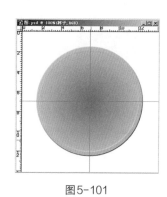

图5-101

（6）新建一个图层，从中心拉两个大小不等的同心圆填充稍浅的灰色，使用斜面与浮雕调整，如图5-102所示。

（7）在该图层下新建一个图层，用圆角矩形画出杯子的手柄，建

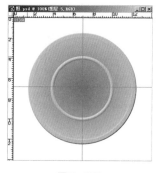

图5-102

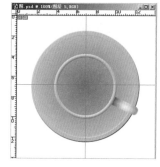

图5-103

立选区，用渐变填充，在"图像"→"调整"中调节明度。然后在"编辑"的"变换"中的"旋转"调节角度，如图5-103所示。

（8）新建图层，选择杯子内部填充深灰色，双击图层使用投影，调节到合适，如图5-104所示。

（9）新建图层选取杯子内部，填充黄色，调节色阶、明度等，如图5-105所示。

（10）新建图层，用圆形选区选取一个比杯口稍大的圆，用渐变填充，调节不透明度为50%，用移动工具移到靠近杯子右下方一点处，如图5-106所示。

（11）新建图层，使用画笔中的现有笔头，画出茶叶，调节投影，最终效果如图5-107所示。

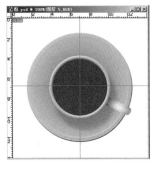

图5-104

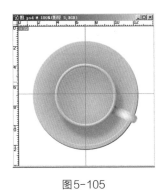

图5-105

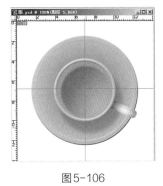

图5-106

图5-107

实例7 计算器效果图制作

1.制作说明

本例创作的计算器，是在真实产品的基础上进行了一定程度的改良，将原有的固定式显示屏幕改为可移动的推拉屏，并简单地反映了这一动态过程。同时还在效果图的周围添加一些文字和图案，对产品的性能进行概括（图5-108）。

本例中使用的命令主要有图层的复制、移动、不透明度、图层样式的调整、变换缩放等，如图5-108所示。

2.操作步骤

（1）打开Phtoshop，新建一幅RGB模式空白图像，参数设置如图5-109所示。

图5-108

（2）新建图层，调整渐变色，并填充，得到如图5-110所示的底色。

（3）在另一新图层中绘出计算器的主体部分的轮廓，通过填充颜色，调整图层样式，使其呈现出立体感，如图5-111所示。

图5-109

图5-110

图5-111

（4）绘制出与主体卡合为一的显示屏幕，使用图层复制、调节透明度、图层移动等命令，表现出屏幕的可滑动性如图5-112所示。

（5）建文件，在其中创建一个按钮的基本图形，使用剪裁、添加文本的方式创立整个按键区。注意按键上文字的颜色和大小要和谐统一，如图5-113所示。

图5-112

图5-113

（6）在计算器屏幕上方添加商标、型号之类的文本文字，如图5-114、图5-115所示。

（7）计算器图形的周围使用一些文本图形对计算器的性能进行概括。这样，一幅完整的计算器效果图就完成了，如图5-116所示。

图5-114 图5-115

图5-116

1.制作说明

不锈钢水杯的制作要重点突出不锈钢的质感（图5-117）。本案例中所用到的主要工具和命令有图层、区域、渐变、调整等。

2.操作步骤

（1）打开Photoshop，新建一个窗口，选择参数并调整分辨率，如图5-118所示。

（2）新建图层，如图5-119所示。

图5-117

图5-118

图5-119

（3）显示标尺，设定参考线，如图5-120所示。

（4）选择区域，选择渐变，并调整编辑渐变，如图5-121所示。

（5）选择椭圆工具，画出椭圆选区，并使用移动工具把椭圆选区移动到下方，如图5-122所示。

图5-120

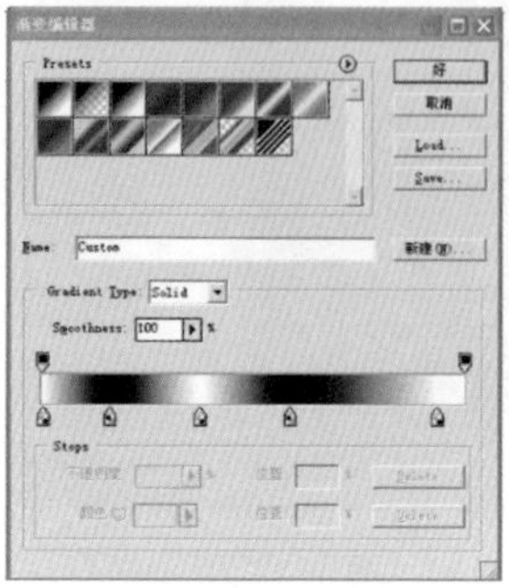

图5-121

图5-122

图5-123

（6）新建图层，在上方画椭圆，选择圆形渐变，做出杯子盖面，如图5-123所示。

（7）给杯盖下方做个凹槽，先填充黑色，如图5-124所示。

（8）使用画笔工具刻画凹槽部分颜色，使其看起来更真实，如图5-125所示。

（9）在水杯外轮廓描边，最终如图5-126所示。

图5-124

图5-125

图5-126

1.制作说明

西瓜的制作多运用钢笔、渐变等工具和命令，如图5-127所示。

2.操作步骤

（1）新建一个文件（1024×768的文件），如图5-128所示。

（2）先用钢笔工具拉出西瓜的大致形状，然后用渐变做出西瓜的颜色，如图5-129所示。

（3）再用钢笔工具做出西瓜皮的形状并与上面的瓜瓤组合，如图5-130所示。

（4）将所有颜色运用加深、减淡工具进行调整，如图5-131、图5-132所示。

图5-127

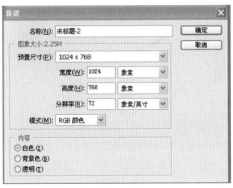

图5-128

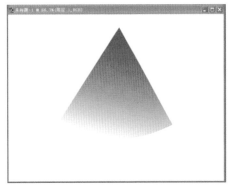

图5-129

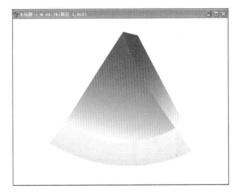

图5-130

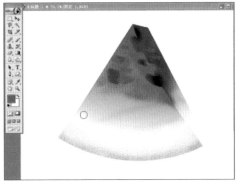

图5-131

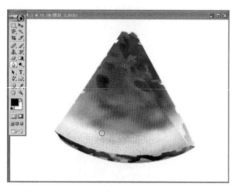

图5-132

（5）用钢笔工具做出西瓜籽并运用填色浮雕等手法做出具体效果再贴在西瓜上，并调整效果，如图5-133所示。

（6）最后做出投影以增强立体感，如图5-134所示。

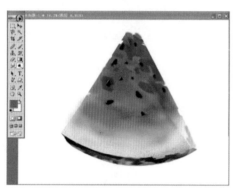

图5-133

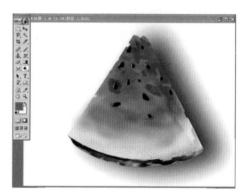

图5-134

实例10　邮票效果图制作

1. 制作说明

邮票制作中图案与边缘的锯齿状是重点（图5-135）。本例中使用的工具主要有钢笔尖、文字工具、斜面和浮雕、描边等工具。

2. 操作步骤

（1）打开Photoshop，新建一幅RGB模式空白图像，设置如图5-136所示。

（2）新建图层1，打开网格如图5-137所示。

图5-135

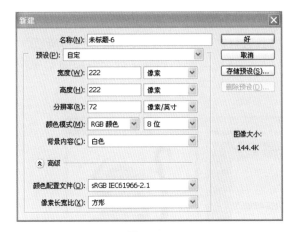

图5-136

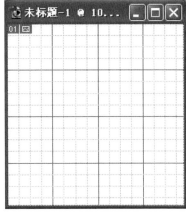

图5-137

（3）在网格上使用钢笔工具，画出猴子的头部轮廓并且填充颜色，效果如图5-138所示。

（4）利用钢笔工具，画出猴子的身体部分及鲜桃并填充颜色，效果如图5-139所示。

（5）对图片进行液化处理，如图5-140所示。

图5-138

图5-139

图5-140

（6）新建图层，利用自由钢笔工具，描绘出猴子的尾巴，填充为蓝色，在图层样式中选择斜面浮雕，效果如图5-141所示。

（7）新建图层填充为浅绿色，利用文字工具，输入文字，如图5-142所示。

（8）使用画笔工具，选择笔触效果并调节间距，如图5-143所示。

（9）手动调节形成锯齿边缘，如图5-144所示。

（10）新建图层，填充为黄色，并且进行斜面和浮雕效果，如图5-145所示。

（11）将两图层合并，再进行剪切，这样一张邮票就做好了，如图5-146所示。

图5-141

图5-142

图5-143

图5-144

图5-145

图5-146

1.制作说明

本例运用组合叠加的思想，力求充分再现图标原貌。主要运用了矩形、椭圆、渐变、钢笔、图层样式（内发光、阴影）等，最终效果如图5-147所示。

图5-147

2.操作步骤

（1）打开Photoshop并新建文件1如图5-148所示，然后新建图层1，并用视图→显示→网格如图5-149所示。

（2）选中矩形工具在图层1上建立如图选区，并用渐变工具填充效果，再用编辑→描边如图5-150~图5-152所示。

图5-148

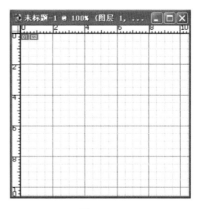

图5-149

图5-150

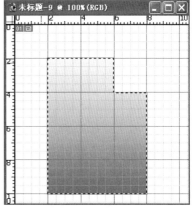

图5-151

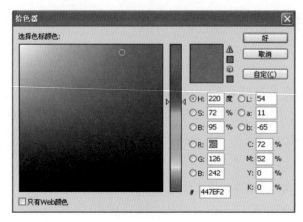

图5-152

（3）新建图层2，用钢笔工具在右上角绘制三角形路径，然后建立选区。再用渐变工具填充效果，之后用编辑→描边，最后用混合选项加上阴影，设置如图5-153所示，得到如图5-154的效果。

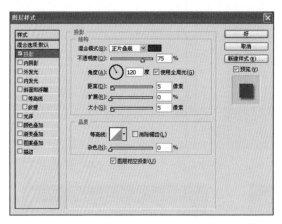

图5-153

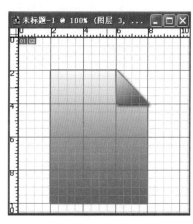

图5-154

（4）新建一个与文件1相同的文件2，然后新建图层1，用椭圆工具绘制环行选区并使用油漆桶填充颜色，如图5-155、图5-156所示。

（5）将图层1载入选区，再使用矩形工具选中"与选区交叉"选取右上角1/4圆环，将其重新填充颜色，如图5-157、图5-158所示。

（6）以与步骤（5）中同样的方法更换其他圆环的颜色，左下角R14，G112，B224；右下角R251，G248，B4，效果如图5-159所示。将文件2图层1移入文件1置于图层3上，并用编辑→变换→缩放调节圆环大小，如图5-160所示。

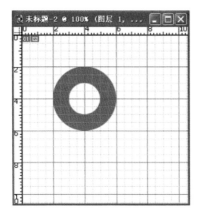

图 5-155

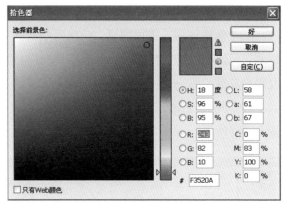

图 5-156

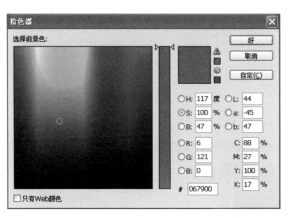

图 5-157

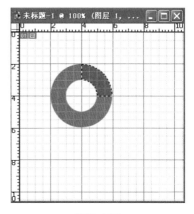

图 5-158

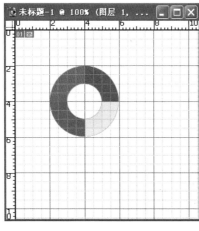

图 5-159

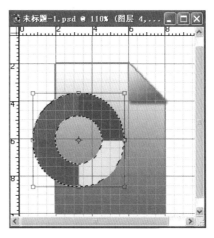

图 5-160

（7）分别使用阴影和内发光，其参数及效果如图5-161~图5-163所示。

（8）新建图层，去掉网格，拉出两条新参考线，使交点与圆环圆点重合。用椭圆工具以参考线交点为圆心绘正圆，使其与圆环内缺重合，并以渐变填充，效果及渐变参数如图5-164、图5-165所示。

（9）用钢笔绘制三角形，载入选区后，用渐变工具填充效果，如图5-166、图5-167所示。

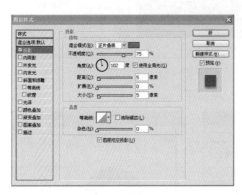

图5-161

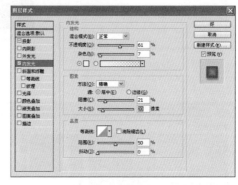

图5-162

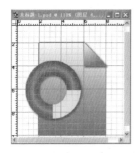

图5-163

图5-164

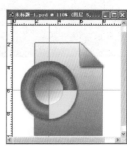

图5-165

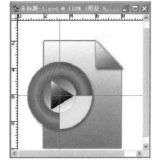

图5-166

图5-167

（10）去掉参考线，选中矩形所在图层，加阴影［也可在步骤（2）进行］，如图5-168、图5-169所示。

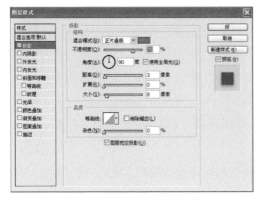

图5-168

图5-169

实例12　药用胶囊效果图制作

1.制作说明

本例用的工具和命令主要有圆形选区、渐变、图层效果等，如图5-170所示。

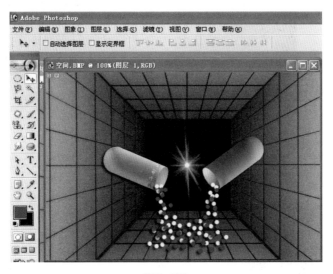

图5-170

2.操作步骤

（1）选择文件→打开→打开一个图片作为背景，如图5-171所示。

（2）拉出两条辅助线并用选择工具先画一个矩形框然后选择叠加（按Shift+鼠标绘制也可以）然后用圆形选择工具在矩形框上画圆，最后画出形状如图5-172所示。

（3）新建图层a，在选择框中进行线形渐变。色值如下：C=84，M=13，Y=100，K=3，如图5-173所示。

（4）双击a图层对其进行投影和光泽的编辑，编辑光泽的数值如图5-174所示。

（5）移动该图层的选择框，再新建图层b进行线形渐变，色值：C=62，M=57，Y=58，K=34，如图5-175所示。

（6）打开b图层的图层样式对其投影和光泽进行编辑，回到图层a中，点击圆形选择工具在辅助线中的图里拉出一个椭圆，进行线形渐变色值设置（效果同图5-130）。接着移动选择框到b图层中的图里，激活b图层进行线形渐变色值设置（效果同图5-132），效果如图5-176所示。

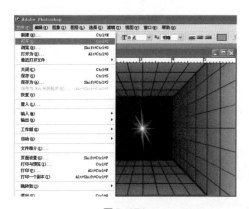

图5-171

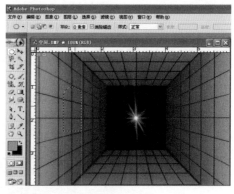

图5-172

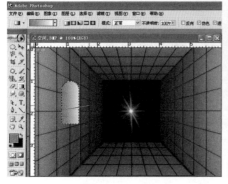

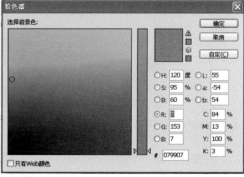

图5-173

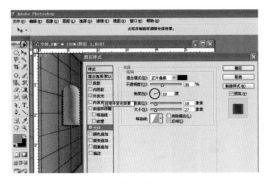
图5-174

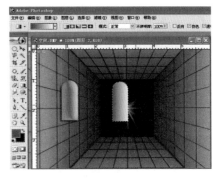
图5-175

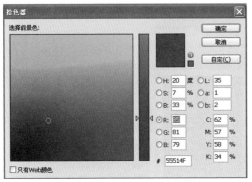

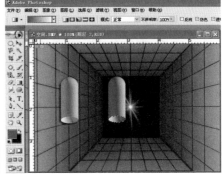

图5-176

（7）用文字工具打上"上海制药"然后对其进行文字变形选择扇形，数值如图5-177所示。

（8）对文字进行像素化处理，如图5-178所示。

（9）然后按着Ctrl+鼠标点击图层对话框中"上海制药"的图层如图5-179所示，这样文字就被选中线框，然后选择线形渐变，色值和图5-175一样。

（10）把a图层和上海制药图层合并连接，如图所示。然后按Ctrl+t把两个药管旋转成如图5-180的角度。

（11）新建图层，选择画笔工具画笔，像素调到9，颜色为红色，画红色药粒。再新建图层画白色药粒。打开药粒的图层样式设置红和白药粒的投影，如图5-181所示。

（12）最后把辅助线移掉，关闭标尺，药丸掰开图就完成了，如图5-182所示。

图5-177

图5-178

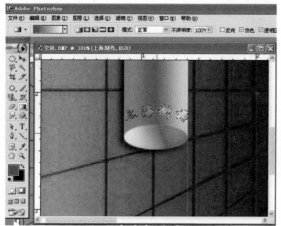

图5-179

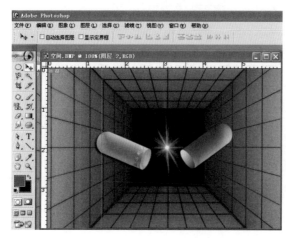

图5-180

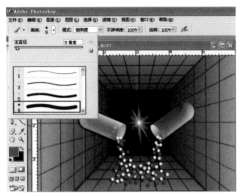
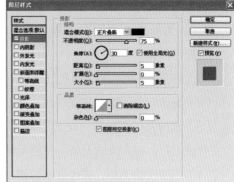

图5-181

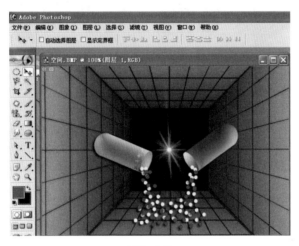

图5-182

实例13 冰雪字的效果图制作

1.制作说明

在设计个性化的页面或软件界面时，特效字体通常是必不可缺的。冰雪字便是其中一例，效果如图5-183所示。

2.本例创意

本例创作的特效字体——冰雪字，虽然字体样式简单，但在页面或界面中可以体现白雪皑皑的世界，反映设计者的心情，凸显设计者

图5-183

的个性。本例中使用的命令主要有晶格化、添加杂色、高斯模糊、曲线、添加蒙版、色相/饱和度、风格化/风等。

3.操作步骤

（1）打开Photoshop，执行"文件"→"打开"命令，打开如图5-184所示。

（2）创建一个新图层，保持默认参数设置。将前景色和背景色调换。

（3）选择文字工具T，设置字体为华文行楷，字号为72点，颜色为白色，输入"有缘无分，是人生的无奈。有份无缘，是人生的悲哀。"字样。

（4）选择移动工具，调整文字位置，命为图层一，效果如图5-185所示。

图5-184

图5-185

（5）按住Ctrl键，并单击文字图层，将文字作为选区载入。点击背景图层前的眼睛，使背景图层暂时处于隐藏状态。

（6）按组合键Shift+Ctrl+I反选选区，执行"滤镜"→"像素化"→"晶格化"命令，参数设置如图5-186所示。

（7）点击背景图层前的眼睛，使背景图层处于可见状态。按组合键Shift+Ctrl+I反选选区，执行"滤镜"→"杂色"→"添加杂色"命令，参数设置如图5-187所示。

（8）执行"滤镜"→"模糊"→"高斯模糊"命令，参数设置如图5-188所示。

（9）执行"图像"→"调整"→"曲线"命令，在曲线中添加5个点，坐标为（48，82），（77，144），（145，132），（174，146），（191，191），如图5-189所示。

（10）按Ctrl+D取消选区，点击背景图层前的眼睛，使背景图层处于隐藏状态。执行"图像"→"旋转画布"→"90°（顺时针）"命令，讲画布以顺时针方向旋转90°。

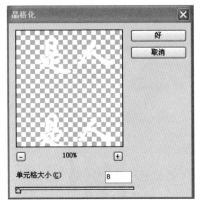

图5-186　　　　　　　　　　　　　　　图5-187

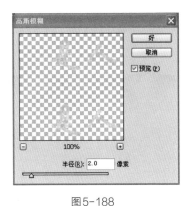

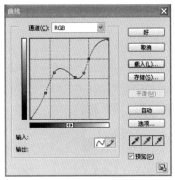

图5-188　　　　　　　　　　　　　　　图5-189

（11）执行"滤镜"→"风格化"→"风"命令，参数设置如图5 190所示。

（12）执行"图像"→"旋转画布"→90°（逆时针）命令，将画布以逆时针方向旋转90°。

（13）选择工具栏中的快速蒙版模式编辑。

（14）按住Ctrl键，单击文字图层，将文字图层作为选区选入。

（15）执行"图像"→"调整"→"色相→"饱和度"命令。首先选中"着色"复选框，再设置色相为212饱和度为30，明度为0，如图5-191所示。

（16）选择工具栏中的以标准模式编辑，进入标准状态，效果图如图5-192、图5-193所示。

（17）按Ctrl+D取消选区，执行"图层"→"合并所有可见图层"。完成后效果图为图5-194所示。

（18）执行"文件"→"存储"，将文件保存。

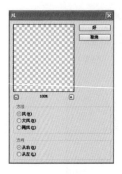

图5-190

图5-191

图5-192

图5-193

图5-194

实例14 鸡蛋效果图制作

1.制作说明

本实例主要利用自由钢笔尖、图层样式等工具，效果如图5-195所示。

2.操作步骤

（1）新建图层，设定像素如图5-196所示。

（2）使用自由钢笔尖工具，勾画出鸡蛋壳的外轮廓，利用渐变编辑器填充如图5-197、图5-198所示。

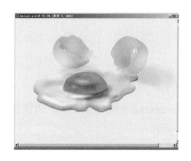

图5-195

（3）打开网格，使用自由钢笔尖工具画出鸡蛋清形状，再利用渐变编辑器、图层样式工具，调整图形，如图5-199、图5-200所示。

（4）勾画出蛋黄的外形，填充如图5-201所示的颜色。

图5-196

图5-197

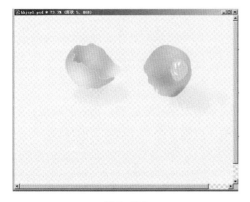

图5-198

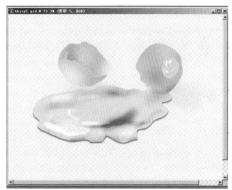

图5-199

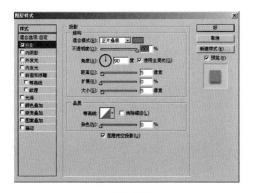

图5-200

图5-201

（5）在图层样式中调整投影等参数，效果如图5-202所示。

（6）进一步在蛋黄上用渐变编辑器、图层样式、自由钢笔尖进行调整，做到如图5-203所示的效果。

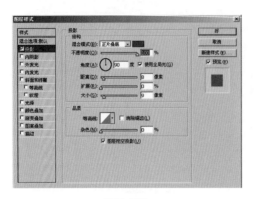

图5-202

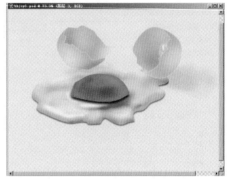

图5-203

实例15　水晶图片效果图制作

1.制作说明

本例是制作一个水晶图片，水晶图片的效果给人一种朦胧感，美观、典雅，如图5-204所示。本例所运用的命令主要有滤镜、图像、颜色、填充、选择等。

2.操作步骤

（1）打开一张做效果的图片，如图5-205所示。

（2）选取要做效果的图像部分，然后选取图片，取消选择，如图5-206所示。

（3）打开通道面板，新建一个通道，如图5-207所示。

（4）将拷贝的图像贴入该通道，取消选择，如图5-208所示。

（5）使用滤镜→模糊→高斯模糊工具，如图5-209所示，然后复制通道，如图5-210所示。

（6）执行图像→运算，如图5-211所示。

（7）新建图层，如图5-212所示。

（8）选择颜色→填充，如图5-213所示。

图5-204

图5-205

图5-206

图5-207

图5-208

图5-209

图5-210

图5-211

图5-212

图5-213

（9）选择→载入选区，如图5-214所示。

（10）图像→调整→曲线，如图5-215所示。

（11）最后取消选择，如图5-216所示。

图5-214

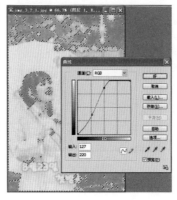
图5-215

图5-216

1.制作说明

这是一款适用于女性的手表。蓝色的表框和土黄色的底盘能展现出稳重与大方。底盘中的枫叶也增加了活泼感。而白色的指针和类似水晶感的时刻表示针则表现出了纯洁和高贵！如图5-217所示。

2.操作步骤

（1）新建一图层，用油漆桶涂成黑色，并与背景合并。再新建一图层，画出一个圆，如图5-218所示。

（2）对圆做处理，如图5-219～图5-222所示。

（3）做底盘，如图5-223～图5-227所示。

（4）做时刻表示针并加枫叶，如图5-228～图5-230所示。

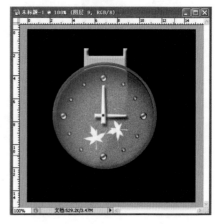
图5-217

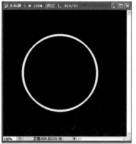

图 5-218

图 5-219

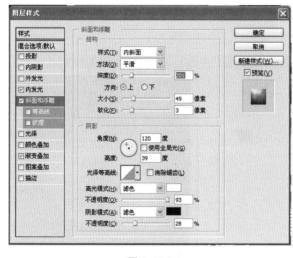

图 5-220

图 5-222

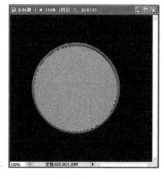

图 5-223

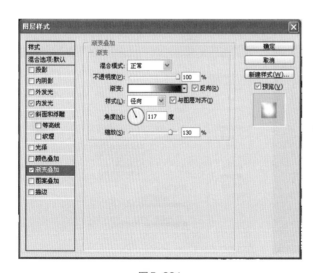

图 5-221

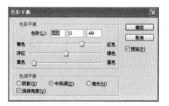

图 5-224

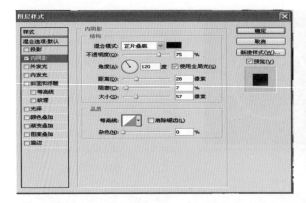

图5-225

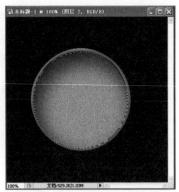

图5-226

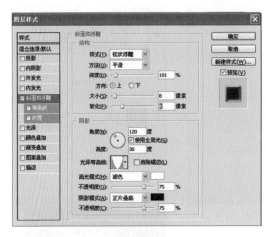

图5-227

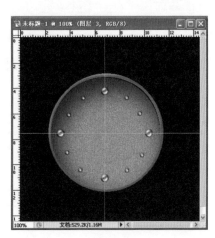

图5-228

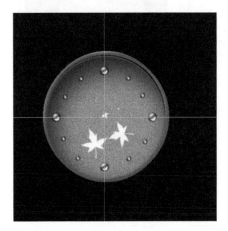

图5-229

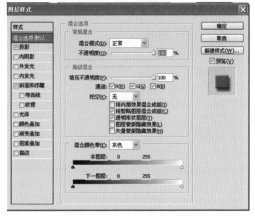

图5-230

（5）做指针，如图5-231所示。

（6）添加表面的玻璃，如图5-232、图5-233所示。

（7）制作支架，如图5-234所示。

（8）最终效果，如图5-235所示。

图5-231

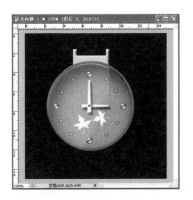

图5-232

图5-233

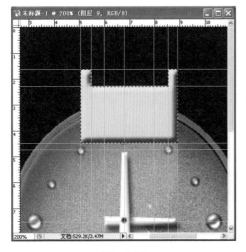

图5-234

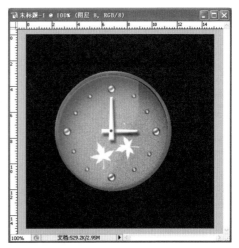

图5-235

实例 17　花的效果图制作

1. 制作说明

Photoshop制作"花"的工具很多，在此主要用"滤镜"中的扭曲、素描工具来完成花的制作，如图5-236所示。

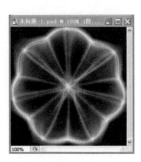

2. 操作步骤

（1）新建一个文件，如图5-237所示。

（2）填充渐变，如图5-238所示。

（3）运用滤镜→扭曲→波浪，如图5-239所示，效果图为图5-240所示。

图5-236

图5-237

图5-238

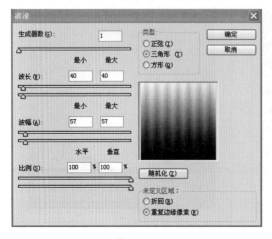

图5-239

图5-240

（4）运用扭曲→极坐标；如图5-241所示。

（5）再用滤镜→素描→铬黄，如图5-242所示，效果为图5-243所示。

（6）新建图层着色，如图5-244所示。

（7）完成，如图5-245所示。

（8）运用同样的方法可以做出不同的效果，如图5-246、图5-247所示。

图5-241

图5-242

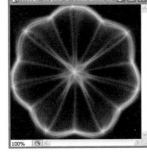

图5-243

图5-244

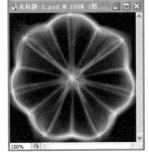

图5-245

图5-246

图5-247

实例18　扇子的效果图制作

1.制作说明

本例制作过程主要用到了钢笔工具、路径工具、复制图层、编辑中的自由转换、图层合并，以及滤镜中的渲染和文字工具。

2.操作步骤

（1）选择"文件"→"新建"命令，打开"新建"对话框，如图5-248所示。

（2）新建图层1。用工具箱中的钢笔工具绘制一个矩形，按住Ctrl键，再用钢笔工具对矩形的路径形状加以调整，调节的最终形状如图5-249所示。

（3）单击路径面板右上角的三角形按钮，在弹出的菜单中选择"填充路径"命令。从弹出的对话框中选择图案填充，并在"自定义图案"中选种如图5-250所示的图案。

（4）用同样的方法再创建一个填充路径，效果如图5-251所示。

（5）新建图层2，用工具箱中的钢笔工具绘制一个矩形，按住Ctrl键，再用钢笔工具对矩形的路径形状调整，调节的最终形状如图5-252所示。

（6）在工具箱中单击油漆桶，在"渐变工具"中选择渐变类型及设定颜色，并在选区中拉一个如图5-253所示的渐变效果。

（7）将可见图层合并。

（8）复制图层，如图5-254所示。并用"编辑"中的"自由变换"将扇柄完成，如图5-255所示。

图5-248

图5-249

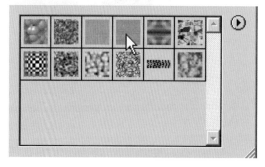

图5-250

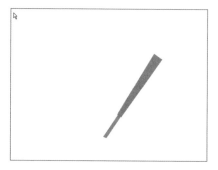

图5-251

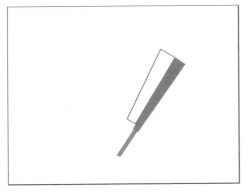

图 5-252

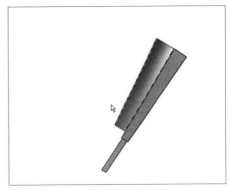

图 5-253

图 5-254

图 5-255

（9）用"椭圆"工具将扇把完成，如图5-256所示。

（10）将所有图层合并，选择"滤镜"→"渲染"→"光照效果"菜单命令，在弹出的对话框中将光照的颜色设为橙色，其他参数如图5-257所示。

图 5-256

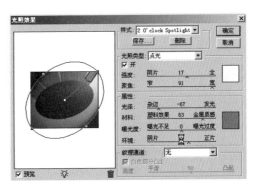

图 5-257

（11）单击"确定"，得到图5-258所示。

（12）输入文字，如图5-259所示。

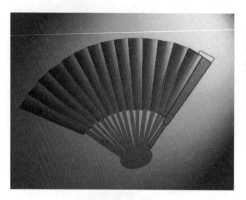

图5-258

图5-259

实例19 风扇效果图制作

1.制作说明

本例中使用的命令、工具主要有：斜面与浮雕、复制、钢笔等，如图5-260所示。

2.操作步骤

（1）新建一个"200×200mm"的画面，并显示"标尺"，新建一个图层。拉出两条参考线，参考线的交点在画面的中心位置，设置一个渐变填充的值，选择如图5-261的黑色，使其占渐变填充色的98%，其余用纯白色，设置数值为图5-262所示，然后以画面的中心为圆心进行"径向填充"，效果如图5-263所示。

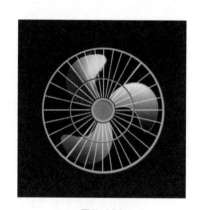

图5-260

（2）从得到的画面上截取一个外半径为46mm，内半径为43mm的圆环，然后将其他的空间填充黑色，最后调整"亮度"：-10，对比度：+5，如图5-264所示。

（3）新建一个图层，用复制上面的圆环的方法制作半径为13mm的小环和一个半径为11mm的圆环，可以得到如图5-265所示。

图5-261

图5-262

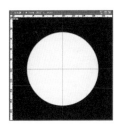
图5-263

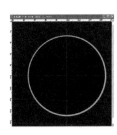
图5-264

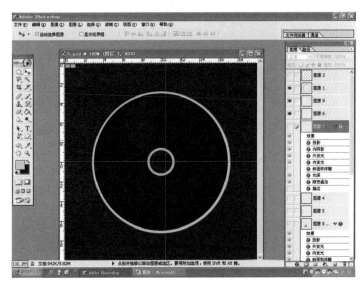
图5-265

（4）画一个半径为12mm的圆填充颜色，如图5-266所示。

（5）调整该图层的样式，其中混合选项里的"投影""内阴影""外发光""内发光""光泽"设置成默认格式。其中"渐变叠加"设置如图5-267所示。

（6）新建一个图层做宽度为2mm，长为24mm的矩形填充白色，可得到如图5-268所示，然后利用多次复制做"自由旋转"的方法做风扇保护网。

（7）用"钢笔工具"绘制扇页如图5-269所示，给绘制的扇页填充如图5-270所示的颜色，然后打开"图层样式"，设置投影效果和斜面浮雕效果的具体数值如图5-271所示和图5-272所示。然后以风扇的安全罩的中心为圆心复制两个扇页并且分别顺时针旋转120°、240°，这样一个风扇就制作好了，如图5-273所示。

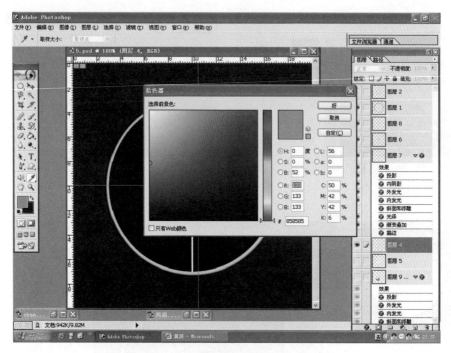

图 5-266

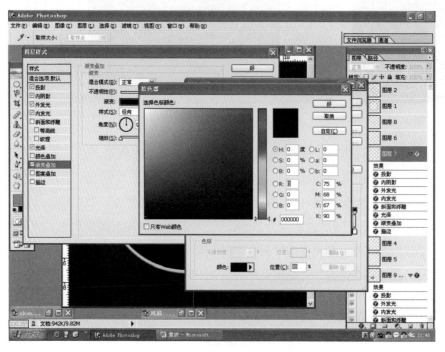

图 5-267

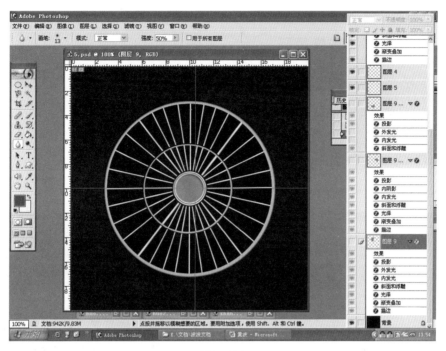

图5-268

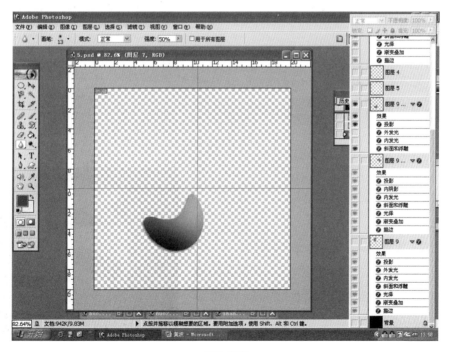

图5-269

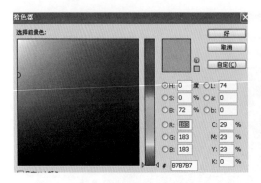

图5-270

图5-271

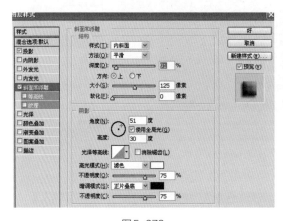

图5-272

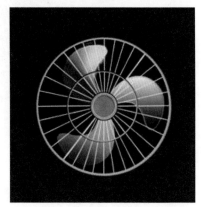

图5-273

实例20 鸵鸟牌墨水瓶包装设计

1.制作说明

本例中主要应用了"钢笔""渐变""字体"等命令和工具，效果如图5-274所示。

2.制作步骤

（1）新建图层，如图5-275所示。

（2）填充背景为黑色，如图5-276所示。

（3）拉好辅助线，设置渐变颜色，打出文字，如图5-277所示。

（4）用钢笔工具画出黑色形状，打出文字，如图5-278所示。

图5-274

图5-275

图5-276

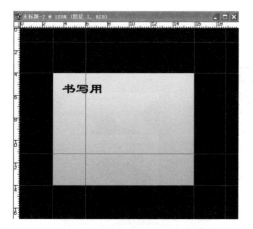

图5-277

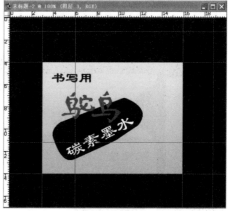

图5-278

（5）图层面板，如图5-279所示。侧面图，如图5-280所示。

图5-279

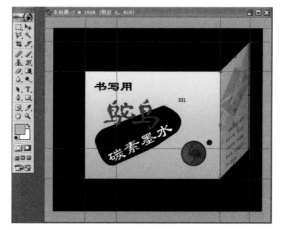

图5-280

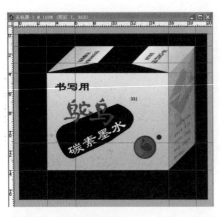

（6）盒盖，如图5-281所示。

（7）盒页，细心刻画，如图5-282所示。

（8）加入两支钢笔图片，最终效果如图5-283所示。

图5-281

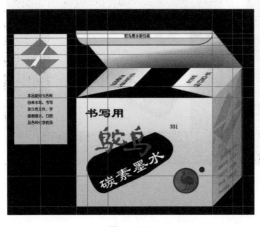

图5-282

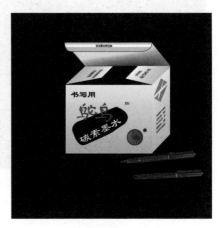

图5-283

实例21　火柴火焰效果设计

1.制作说明

本例中主要用到图层、风格化滤镜、高斯模糊、液化、色相／饱和度、图层混合模式等命令。

2.操作步骤

（1）新建一个200×200mm的文档，用黑色作为背景色。选择字体工具，颜色为白色，在字体列表中选择Times New Roman，设置字形为Rugular，大小为150Pt，消除锯齿的方式为"强"。也可以使用别的字体类型，只要大小差不多就行。用移动工具移动到画布下方，如图5-284所示。

（2）在文字层上新建图层1，按住Alt键不放，用鼠标点击图层命令，在下拉菜单中找到"拼合可见图层"。注意Alt键和鼠标都不能松，将会看到，新图层的内容包含了下面两层的内容，像历史快照一样记录了所有可见图层的图像内容，将它们合并到一层中，方便编辑，同时又保留了原图层不被破坏。可使用快捷键Shift+Alt+Ctrl+E，在制作中，将要多次用到这个技巧。

图5-284

（3）在编辑→变换中，将图层1逆时针旋转90°，执行风格化→风，按默认值，连续三次，如图5-285所示。

（4）将图层1顺时针旋转90°，回到原来位置，用高斯模糊柔和，半径设为4像素，如图5-286所示。

（5）下面我们开始为火焰着色。用色相／饱和度命令为图层1着色，这一层我们用一种明亮的桔黄色，点击"着色"，设置色相为40，饱和度为100，明度为-57，如图5-287所示。

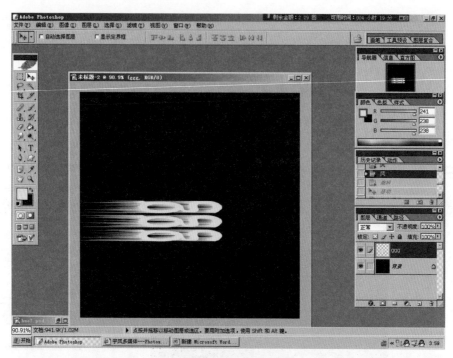

图5-285

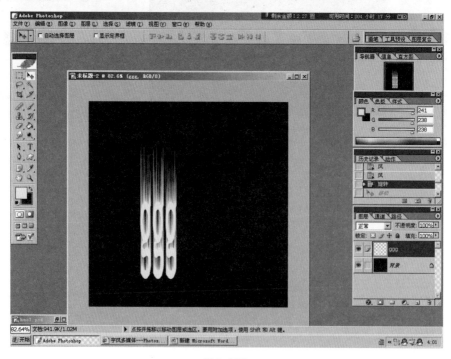

图5-286

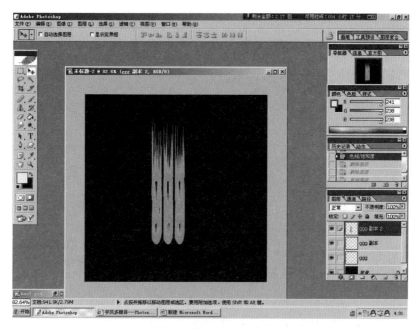

图5-287

（6）将图层1复制，继续用色相／饱和度命令，将色相改为-40，其他不变，可以看到，这一层现在变为红色，如图5-288所示。

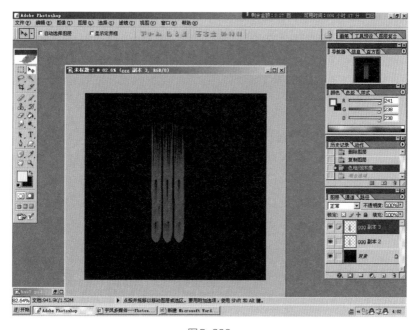

图5-288

（7）将图层1副本的图层混合模式改为"颜色减淡"，这样，红色和桔黄色就得到了很好的混合，火焰的颜色就出来了，如图5-289所示。

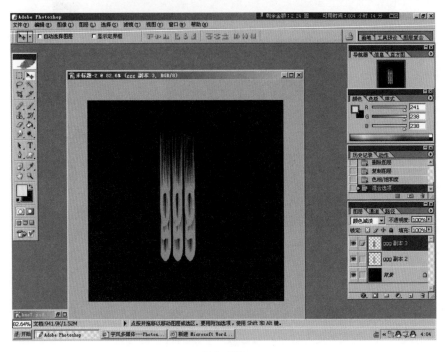

图5-289

（8）将图层1副本和图层1合并，组成新的图层1，接下来描绘火焰的外观。在图像命令下选择"液化"，将画笔大小调到50，压力定为40，在图像中描绘出主要的火焰，然后将画笔和压力调小，画出其他的细小火苗。还可以配合膨胀挤压和还原工具，画出逼真的火焰外观。如果不满意，按住Alt，"取消"按钮就会变成"复位"，再次打开液化命令对话框时，上次的设置会被保留下来，可以在上次的基础上继续。

（9）继续对火焰进行修饰，使它的内外焰完全融合，颜色均匀过渡。选择涂抹工具，用一个中号的柔性笔刷，将压力设为65%，在火焰上轻轻涂抹，要不断改变笔头大小和压力，以适应不同效果。火焰底部的外观要和字体相符，不要变化得太多，否则就无法和字体很好地结合。还要注意火焰的颜色，从外层到中心依次是"红—黄—白"。从上一步到这一步，都需要手绘，如图5-290所示。

（10）火焰的周围有烟，还有一些透明的气体，这使火苗看起来没那么清晰，可以增加一些模糊来模拟这种效果。新建图层2，按照刚才的方法盖印可见图层，高斯模糊，半径为50像素；将图层不透明度设为50%，混合模式为"屏幕"。现在图像的主体部分已经完成了，如图5-291所示。

（11）制作一个火柴柄水平夹角为40°，宽度为5mm；还有一个火柴头。这样火柴的燃烧效果图就完成了，如图5-292所示。

图5-290

图5-291

图5-292

实例22　CD机效果图制作

1.制作说明

CD机效果图在制作中主要运用了矩形工具、渐变工具、钢笔工具、多边形套绳工具、减淡工具、滤镜、选择等工具，其效果如图5-293所示。

2.操作步骤

（1）打开Photshop，在菜单栏上选择文件，新建文件，如图5-294所示（说明：在以下的每一部中都需新建图层）。

（2）应用矩形工具和椭圆工具画出下面这个图形，然后选择渐变工具，进行填充。如图5-295所示。

（3）旋转并调整宽度，如图5-296所示。

（4）在图层1下面建立新图层2填充黑色并高斯模糊，模糊值为5并调整图层顺序，如图5-297所示。

图5-293

图5-294

（5）在图层1下面建立新图层3填充灰色并调整图层，如图5-298所示。

（6）选择图层1，设置斜面和浮雕作出立体效果，如图5-299所示。

（7）制作CD表面，按住Shift用圆形选择工具作出正圆，填充灰色、调整位置，如图5-300所示。

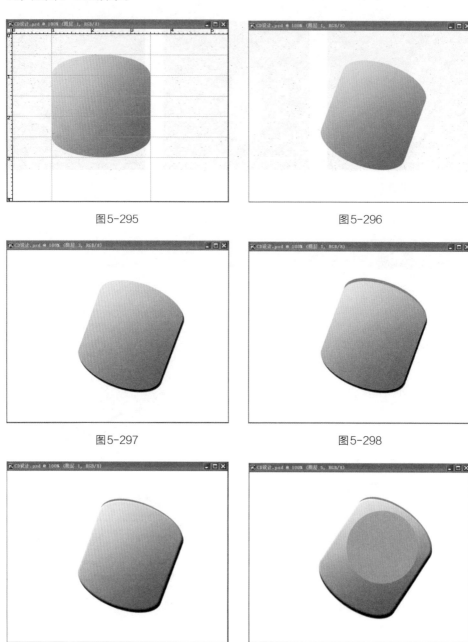

图5-295

图5-296

图5-297

图5-298

图5-299

图5-300

（8）制作开合线以增加立体效果，运用钢笔工具，画出一条黑道和一条白道，如图5-301所示。

（9）制作显示屏，用矩形工具，选择→修改→平滑菜单，再填充颜色、设置透明度，最后描边，描出黑边和白边，如图5-302所示。

（10）同上，画出部分装饰曲线，如图5-303所示。

（11）用减淡工具把下面椭圆部分变亮，如图5-304所示。

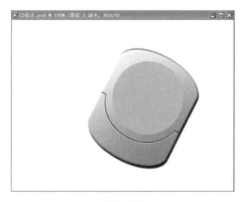

图5-301

图5-302

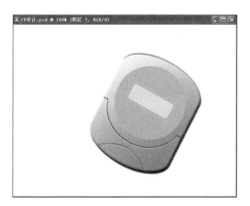

图5-303

图5-304

（12）制作按钮，首先要做出按钮的外围轮廓区，用路径做出形状以后再用灰色填充，用加深和减淡工具处理好高光和暗调部分，用椭圆工具作出轮廓内部按钮，再用椭圆工具建立好形状以后用白色到灰色的渐变色进行填充，最后载入其自身选区，用黑色进行描边（1像素），如图5-305所示。

（13）用同上的方法制作右边的按钮，如图5-306所示。

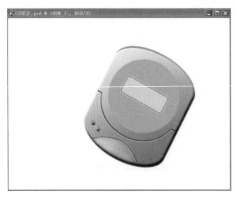

图5-305

图5-306

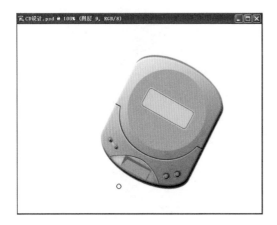

图5-307

（14）制作小显示屏，选择多边形套绳工具画出下面形状并填充灰色，如图5-307所示。

（15）运用矩形工具画出下面部分并填充黑色，如图5-308所示。

（16）制作文字标志，如图5-309所示。

（17）同上完成其他部分文字并调整透明度，如图5-310所示。

（18）加背景色，完成制作，如图5-311所示。

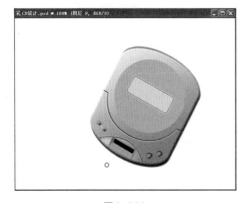

图5-308

图5-309

图5-310   图5-311

实例23 老人手机效果图制作

1.制作说明

在制作过程中主要用到了钢笔尖、油漆桶渐变、视图、扩边、滤镜等工具。

2.操作步骤

（1）新建一文件，按住Ctrl+N设置弹出5-312对话框。

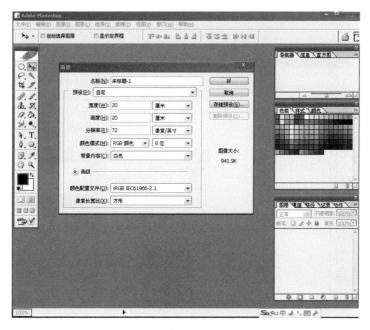

图5-312

（2）用钢笔绘制一个长宽比例合适的区域，新建一个图层，然后打开路径面板，建立选区，如图5-313所示。

（3）点击选择→修改，平滑选区，打开如图5-314对话框，填写合适的数据。

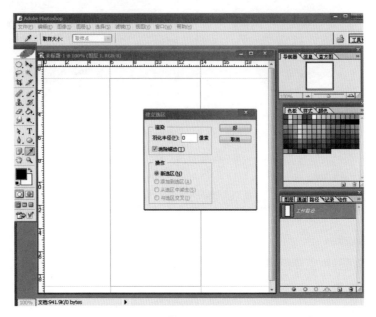

图5-313

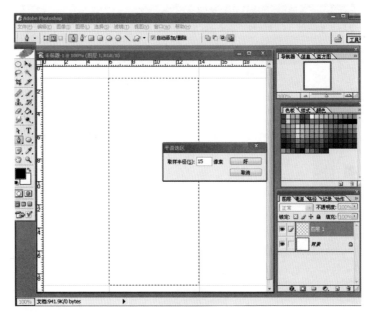

图5-314

（4）点击油漆桶工具，填充前景色，如图5-315所示。

（5）双击图层1，根据需要加投影、斜面和浮雕等样式，并根据所需要的效果调节所需的数据，如图5-316所示。

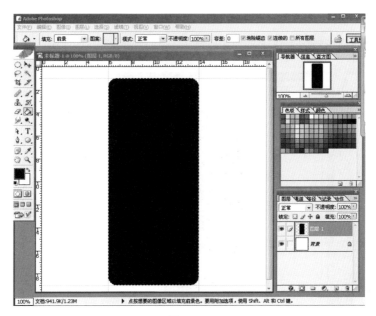

图5-315

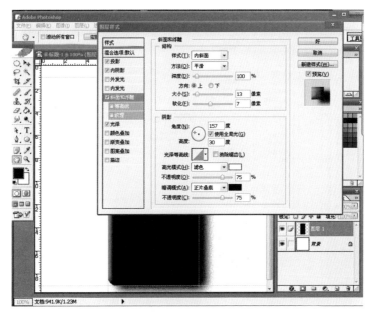

图5-316

（6）用钢笔工具绘制一个新的区域，添加锚点改变直线弧度，新建一个图层，点击路径面板，建立选区，填充颜色，如图5-317所示。

（7）双击图层2，加投影、斜面和浮雕等样式，根据需要的效果调节不同的选项和数据，如图5-318所示。

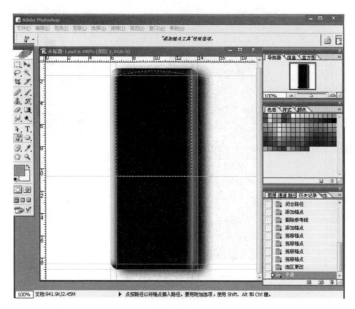

图5-317

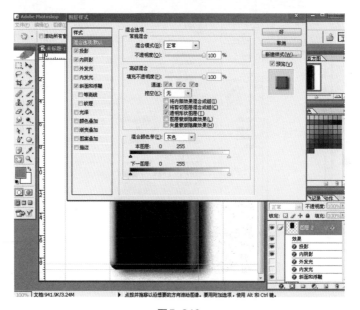

图5-318

（8）然后点击编辑，描边，扩大边缘，选择所需原色填充，如图5-319所示。

（9）用钢笔工具绘制一个新的区域，打开路径面板建立新选区。新建一个图层，如图5-320所示。

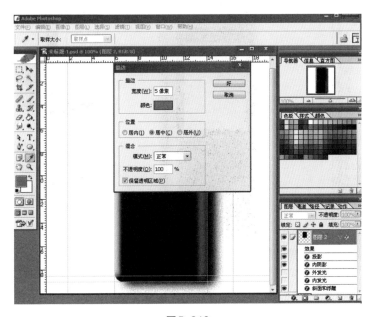

图5-319

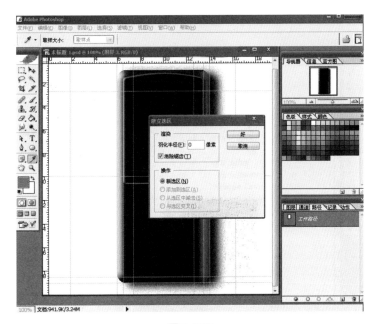

图5-320

（10）用油漆桶工具，填充所需颜色，如图5-321所示。

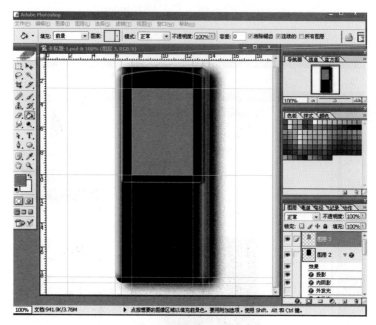

图5-321

（11）单击编辑描边工具，选择颜色为白色，如图5-322所示。

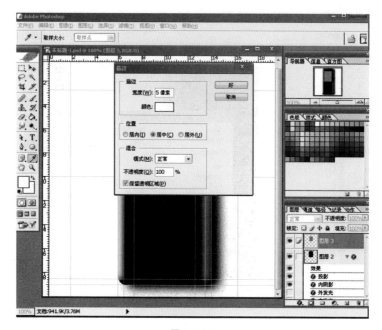

图5-322

（12）利用参考线确定各个按键的位置，如图5-323所示。

（13）先做数字按键，选择其中一个按键，用钢笔绘制出来，新建一个图层，然后单击路径面板，建立新的选区，填充颜色，双击这个图层，添加斜面和浮雕效果，如图5-324所示。

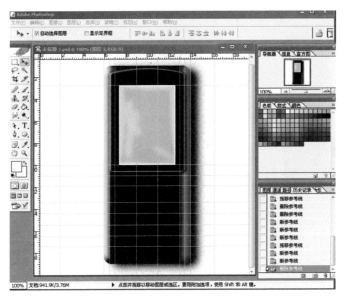

图5-323

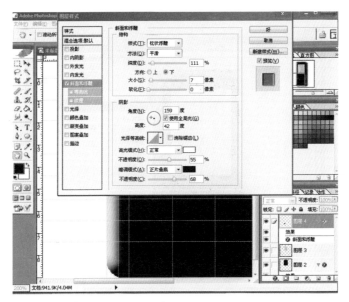

图5-324

（14）然后按住Ctrl+J键复制出其余十一个按键，如图5-325所示。

（15）用钢笔工具继续绘制按钮键，建立新图层单击路径面板建立新选区填充颜色，如图5-326所示。

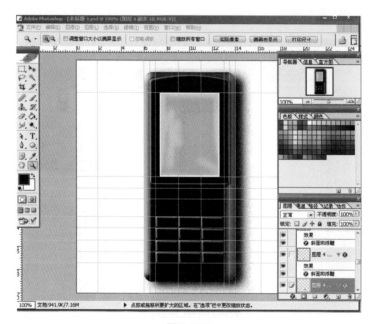

图5-325

图5-326

（16）双击这个图层，添加斜面浮雕效果，如图5-327所示。

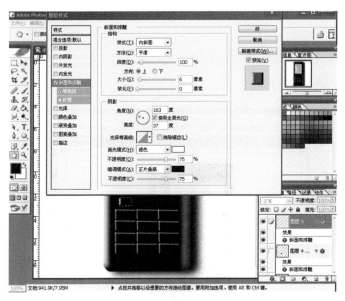

图5-327

（17）同样按住Ctrl+J键复制一个相同的按键，如图5-328所示。

图5-328

（18）制圆形按钮。单击椭圆选框工具，利用参考线辅助，按住Shift+Alt键绘制出一个圆形选区，新建一个图层，利用渐变工具填充颜色，双击图层，加一些斜面浮雕效果，如图5-329所示。

（19）继续利用相同的方法绘制两个同心圆，填充所需不同颜色，加斜面和浮雕效果，如图5-330所示。

图5-329

图5-330

（20）用钢笔工具继续绘制最上边的按钮，新建图层，建立选区，填充颜色，双击图层，加斜面和浮雕效果，如图5-331所示。

（21）按住Ctrl+J键复制一个相同的按键，如图5-332所示。

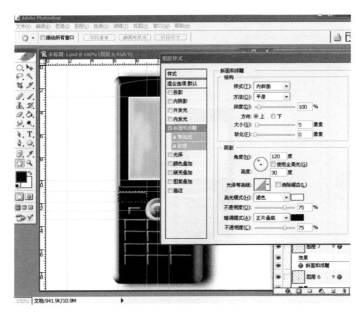

图5-331

图5-332

（22）利用钢笔绘制中间按键，单击路径面板，建立选区，建图层，双击图层，加斜面和浮雕效果，如图5-333所示。

（23）利用文字工具，编写数字和字母，如图5-334所示。

图5-333

图5-334

（24）打开一幅素材图片，利用移动工具，把图片移到手机屏幕上，按住Ctrl+T键，变换图片大小，直到合适为止，如图5-335所示。

图5-335

（25）再利用文字工具添加手机品牌文字效果，如图5-336所示。

图5-336

（26）双击手机屏幕图片图层，加斜面和浮雕效果，如图5-337所示。

（27）单击背景图层，利用渐变工具，选取颜色，填充背景色，突出产品效果，如图5-338所示。

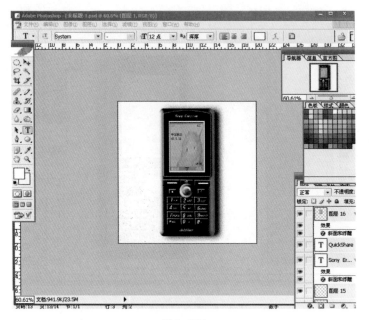

图5-337

图5-338

（28）修改背景层，点击滤镜杂色，添加杂色，如图5-339所示。

图5-339

（29）点击滤镜，渲染，分层云彩效果，最终如图5-340所示。

图5-340

1.制作说明

该剃须刀设计，以简洁明了的曲线形成美感。该剃须刀设计手握部位手感达到更好的效果，以及使剃须刀刀头很好地与人的面部接触。该案例使用了钢笔、滤镜、图层、渐变、编辑等工具，最终效果如图5-341所示。

2.操作步骤

（1）打开Photoshop，点击文件，新建一个图形，命名为"剃须刀"，如图5-342所示。

（2）新建好文件后再新建一个图层，命名为"剃须刀手柄"如图5-343所示。

（3）用钢笔在新建的图层上绘制剃须刀手柄。用钢笔工具绘制基本图形后，再用钢笔工具中的增加路径详细绘制图形，如图5-344所示。

（4）建立选区并羽化半径，然后用渐变工具填充颜色，当用完钢笔路径绘制完

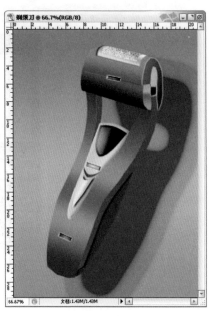

图5-341

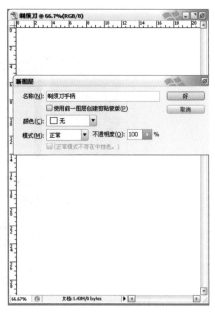

图5-343

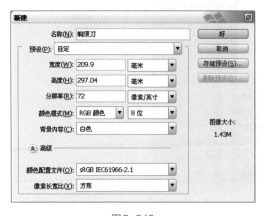

图5-342

闭合路径后在路径点击右上角小箭头建立选区，羽化半径为1像素，如图5-345~图5-347所示。

（5）以相同的方法用钢笔画出剃须刀手柄的其他部分，双击要编辑的图层，弹出图层样式窗口，用矩形选框工具和编辑工具中的变换工具画出按钮。在画剃须刀其他部分时新建图层，如图5-348、图5-349所示。

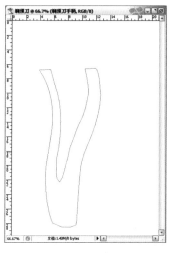

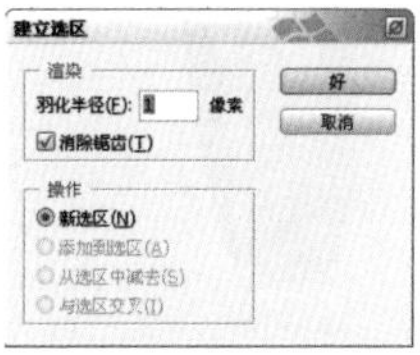

图5-345

图5-346

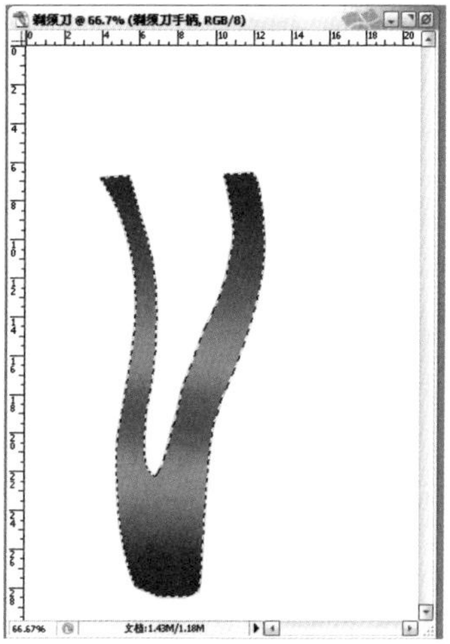

图5-344　　　　　图5-346　　　　　图5-347

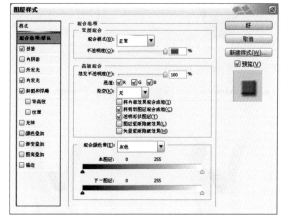

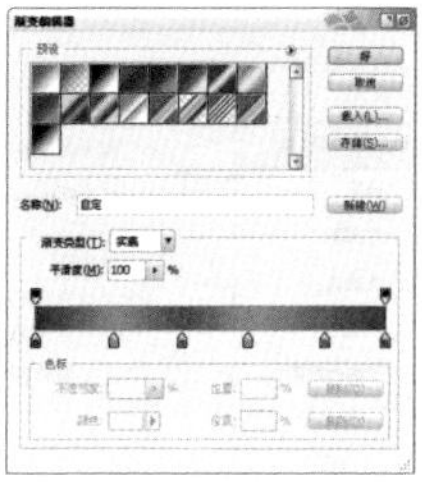

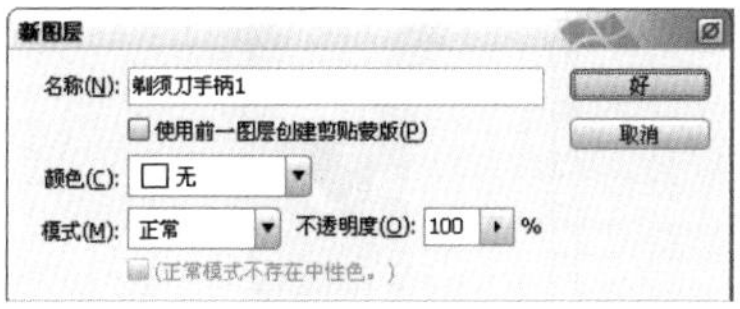

图5-348　　　　　　　　　图5-349

（6）手柄画完后开始画剃须刀头部，用到的工具同画剃须刀手柄的工具及用法相同，如图5-350~图5-365所示。

图5-350

图5-351

图5-352

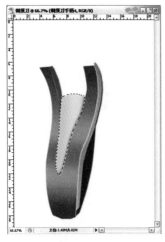

图5-353

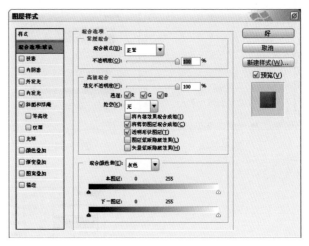

图5-354

图5-355

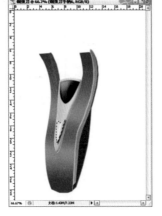

图5-356

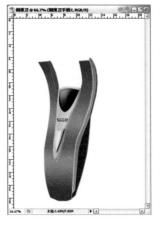

图5-357

图 5-358

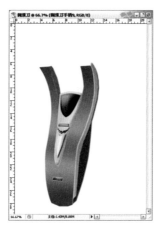

图 5-359

图 5-360

图 5-361

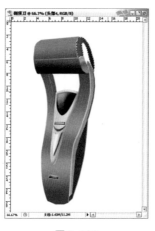

图 5-362

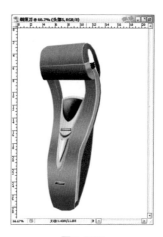

图 5-363

（7）在绘制剃须刀刀头时，用钢笔绘制、建立选区和用渐变工具填充完颜色后，用滤镜中的杂色→添加杂色，然后再用滤镜中扭曲→球面化。详细内容如图 5-366、图 5-367 所示。

（8）使用编辑菜单中的自由变换和变换中的扭

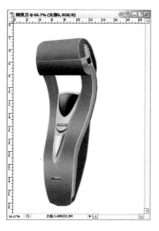

图 5-364

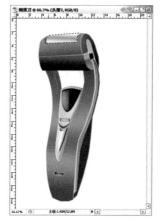

图 5-365

曲进行调整，调整到合适位置。如图5-368、图5-369所示。

（9）修改一些部分，用到图层样式进行对剃须刀局部的调整和增加，将背景层用渐变工具添加颜色，如图5-370~图5-372所示。

（10）完成后，对剃须刀头部和手柄的各个图层进行合并，合并图层先把要合并的图层选中，用Ctrl+E或者在图层样板中点击右上角的小箭头弹出下图窗口再点击合并图层，如图5-373、图5-374所示。

（11）把背景图层与剃须刀图层合并，并用图层样式编辑剃须刀的投影，用编辑中的变换和自由变换（Ctrl+T）进行对合并图层的位置调整，最终效果图如图5-375图所示。

图5-366

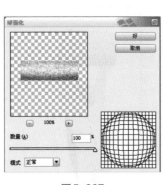

图5-367

图5-368

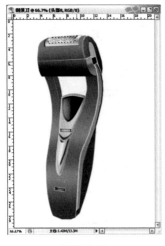

图5-369

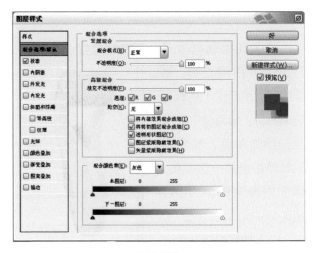

图5-370

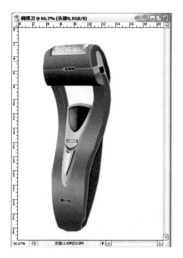

图 5-371

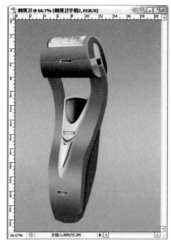

图 5-372

图 5-373

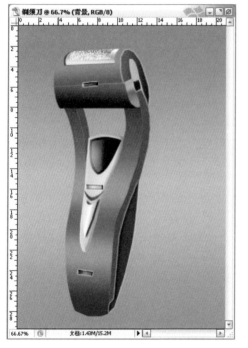

图 5-374

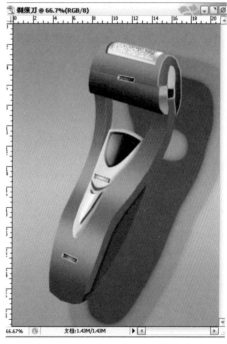

图 5-375

1. 制作说明

Photoshop虽然是平面图像处理软件，但是由于其强大的功能，因此不少产品设计师也用其制作产品效果图，把它充分地运用到了三维的视觉表现中。本例中用的工具和命令主要有钢笔、渐变、图层、描边、明暗工具等最终效果如图5-376所示。

图5-376

2. 操作过程

（1）车身的制作

①新建一图层（这里是1024×768）将前景色选择为图示颜色，Alt+ Delete填充，如图5-377所示。

②用路径（钢笔）勾出汽车外形建立为选区后，填充为图示颜色，如图5-377所示。

③将车体大体色块用路径建立选区，进行填充。

④下半部分和车尾部用渐变在选区内调整。能省掉不少工夫，如图5-378所示。

⑤用橡皮擦、模糊、减淡等工具对过渡的地方进行处理，如图5-379所示。

⑥细心地将过渡部位处理得差不多后，用路径勾出车窗和轮胎地盘附近的反光部位形状，建立选区填充图示颜色，每建一层路径时都要保存，如图5-380所示。

图5-377

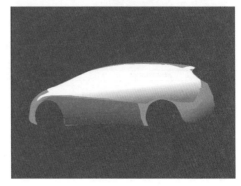

图5-378

图5-379   图5-380

⑦选中刚才的车窗路径，建立选区，选择编辑→描边，宽度设置为2像素即可。用橡皮擦、模糊工具进行修改，如图5-381所示。

⑧平移刚才路径画出反光。

⑨用加深减淡工具画出车轮转角。

⑩用路径勾画出后车灯，填充颜色，如图5-382所示。

图5-381   图5-382

⑪勾出图示路径，建立选区，加深，取消选区，用模糊、涂抹工具使其视觉效果自然，如图5-383所示。

⑫路径选取车底盘部位建立选区后用加深减淡工具画出结构，如图5-384所示。

⑬后保险杠部位勾出路径做出明暗，如图5-385所示。

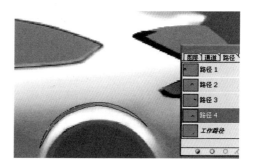

图5-383

图5-384

⑭进一步细化，用加深减淡调整车框的虚实关系。过渡的地方尽量自然，如图5-386所示。

图5-385

图5-386

⑮车尾部位尽量用渐变，如图5-387所示。

⑯画出车尾的反光，如图5-388所示。

⑰面新建一层，画出内饰基本使用钢笔建立选区，填色再画出选区，如图5-389所示。

⑱内饰处理好后效果，如图5-390所示。

⑲处理车尾部细节，如图5-391所示。

图5-387

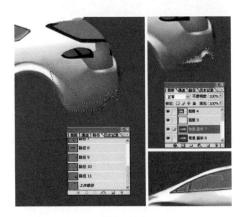

图5-388

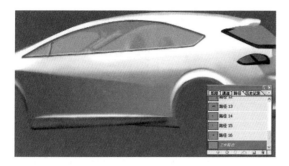

图5-389

图5-390

图5-391

⑳车身的全局处理，最后再仔细修改具体不足的地方，如图5-392所示。

图 5-392

图 5-393

㉑车身的最终制作效果，如图5-393所示。

（2）轮胎的制作

①前轮的制作。主要是用钢笔勾画轮胎的大体轮廓线，再用路径选区填充大面积的颜色。具体到细节用加深、减淡和渐变等工具调整，如图5-394所示。

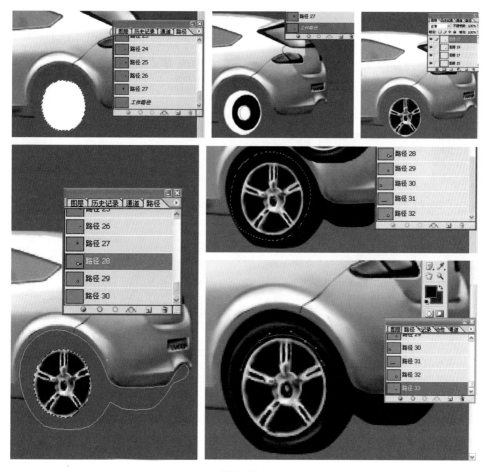

图5-394

②后轮的最终效果，如图5-395所示。

③前轮的制作。前轮的制作是用已经做好的后轮进行复制，复制好以后细节部分用旋转，加深和减淡等工具进行处理，如图5-396所示。

图5-395

图5-396

④综合处理汽车的4个轮子，如图5-397所示。

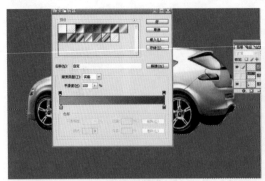

图5-397

（3）汽车倒影的制作

　　倒影的制作和前轮的制作一样，用已经做好的全部进行复制，然后旋转，调节图层透明度，最后再用加深和减淡工具对局部进行处理即可完成，效果如图5-398所示。

图5-398

参考文献

［1］黄心渊，王海，林杉. 图形图像处理技术基础【M】. 北京：高等教育出版社，
2006.

［2］本书编委会. 新编图形图像操作教程【M】. 西安：西北工业大学出版社，2003.

［3］西岭电脑工作室. Photoshop7.0经典实例制作【M】. 合肥：中国科学技术大学
出版社，2003.

［4］彭韧. 计算机辅助工业设计【M】. 北京：中国轻工业出版社，2001.

［5］渠继永，等. Photoshop7.0精彩设计百例【M】. 北京：中国水利水电出版社，
2003.

［6］网冠科技. Photoshop8.0时尚创作百例【M】. 北京：机械工业出版社，2003.